国家农产品收贮运质量安全风险评估专项系列丛书

大宗蔬菜收贮运环节质量安全风险管控手册

王凤忠 范 蓓 卢 嘉 李敏敏 主编

中国农业科学技术出版社

图书在版编目（CIP）数据

大宗蔬菜收贮运环节质量安全风险管控手册／王凤忠等主编．—北京：中国农业科学技术出版社，2017.12

ISBN 978-7-5116-3454-2

Ⅰ.①大… Ⅱ.①王… Ⅲ.①蔬菜-收获-质量管理-安全管理-手册②蔬菜-贮运-质量管理-安全管理-手册 Ⅳ.①S630.9-62

中国版本图书馆 CIP 数据核字（2017）第 322158 号

责任编辑 崔改泵 金 迪
责任校对 贾海霞

出 版 者 中国农业科学技术出版社
北京市中关村南大街 12 号 邮编：100081
电　　话 (010)82109194(编辑室) (010)82109702(发行部)
(010)82109709(读者服务部)
传　　真 (010)82106639
网　　址 http://www.castp.cn
经 销 者 各地新华书店
印 刷 者 北京建宏印刷有限公司
开　　本 710mm×1 000mm 1/16
印　　张 8
字　　数 165 千字
版　　次 2017 年 12 月第 1 版 2018 年 1 月第 2 次印刷
定　　价 50.00 元

《大宗蔬菜收贮运环节质量安全风险管控手册》

编　委　会

主　　编： 王凤忠　范　蓓　卢　嘉　李敏敏

副 主 编： 黄亚涛　贺　妍　金　诺　孙玉凤　刘佳萌

参编人员： 朱玉龙　单吉浩　王　森　夏双梅　彭　博
郭　静　张　嘉　郑　旭　王珊珊

前言

蔬菜，是指可以做菜、烹饪成为食品的，除了粮食以外的其他植物（多属于草本植物）。蔬菜是人们日常饮食中必不可少的食物之一，可提供人体所必需的多种维生素和矿物质。据国际粮农组织1990年统计，人体必需的维生素C的90%、维生素A的60%来自蔬菜。此外，蔬菜中多种多样的植物化学物质，是人们公认的对健康有效的成分。

由于蔬菜自身的特殊性，在贮藏过程中仍然保持其生命特性，需要抵抗不良环境和致病微生物的侵害，从而保持品质、减少损耗、延长贮藏期。因此，在贮藏中必须维持新鲜蔬菜的正常生命过程，尽量减少外观、色泽、重量、硬度、口味、香味等的变化，以达到保鲜的目的。结合蔬菜生理特性和消费需求，采用相应的贮藏保鲜手段将会有效促进我国蔬菜产业的健康发展。但是由于我国冷链体系和贮藏保鲜技术落后，农产品产后损失严重。近年来，“三剂”产品被用于产后收贮运环节的护色、防腐和杀菌等过程，但“毒蘑菇”“毒莲藕”“毒葡萄”等一系列不合理使用“三剂”事件的曝光让消费者对“三剂”产生了误解，同时蔬菜收贮运环节中暴露的质量安全事件也大大影响了蔬菜的消费以及菜农的利益。虽然很多新闻与事实不符，但是互联网的传播，会迅速影响产业，并对产业带来致命的冲击。

我们编写了《大宗蔬菜收贮运环节质量安全风险管控手册》一书，对大宗蔬菜从产地环境到产品标识上市全过程的生产要点及风险管控要求作了全面介绍。本书采用以表格为主、文字说明为辅的形式，力求内容科学实用，易读易懂，使蔬菜种植者能更好地理解和应用，同时也为科技研究与推广部门、农产品质量安全监管部门提供使用参考。

本书不仅是农业部农产品质量安全风险评估专项的重要成果之一，也是农业部农产品收贮运质量安全风险评估专项系列丛书之一，由农业部农产品加工质量安全风险评估实验室（北京）牵头编著完成。农业部农产品加工质量安全风险评估实验室（北京）是由农业部挂牌、依托中国农业科学院农产品加工研究所建设的部级农产品加工领域质量安全风险评估实验室。实验室以农产品加工、包装、保鲜、贮存、运输过程中存在的危害因子为对象，以保障农产品和初加工农产品质量安全为核心，以服务农产品风险管理为目的，系统开展农产品加工质量安全风险评估及相关研究工作，从而打造集农产品加工质量安全风险评估、风险管理、风险交流三位一体的研究平台。

本书包含了蔬菜风险评估收贮运环节历年工作的研究成果，凝结了本领域专家、学者多年来的心血与智慧。因其具有系统性、权威性、科普性，对保障蔬菜从农田到餐桌质量安全具有十分重要的指导意义。感谢参与本书编写的各位专家和同仁，由于编者水平有限，不足之处敬请广大读者批评指正。

编　者

2017 年 11 月

目　录

1 农产品质量安全风险评估

1.1 农产品质量安全风险评估的概念和定义

农产品质量安全风险评估是通过科学技术手段，发现和验证可能影响农产品质量安全的危害因子及其代谢产物并对其危害程度进行评价的过程，侧重于对农产品中影响人的健康、安全的因子进行风险探测、危害评定以及产品本身的营养功能进行评价，突出农产品从种植、养殖环节到进入批发、零售市场或生产加工企业前的环节进行科学评估，是农产品质量安全监管工作推进到一定程度的客观需要和必然选择。风险评估技术，从国际上看，早期主要应用于航天航空领域，后来逐步应用于食品加工和农产品生产过程中的危害识别、危害影响评价和关键控制点的锁定与关键控制技术的确立。

欧美发达国家 20 世纪 70 年代开始对农产品质量安全风险评估探索，80 年代进行试行，90 年代在畜禽屠宰和水产品加工领域广泛应用，随后迅速推广到蔬菜、水果等鲜活农产品收贮运环节和食品加工领域，并得到世界各国的广泛推崇和国际食品法典委员会（CAC）的采纳。如今，对农产品质量安全和食品危害因子实施风险评估，已成为国际食品法委员会（CAC）制定食用农产品和食品质量安全国际标准的一个基本准则。我国在农产品质量安全监管领域引入风险评估，初始于 2003 年。当时由农业部农产品质量安全中心会同中国农业科学院农业质量标准与检测技术研究所等单位牵头承担的农业部“948”国家重大技术引进项目，将欧美和联合国粮农组织（FAO）、世界卫生组织（WHO）、国际食品法典委员会（CAC）在农产品和食品质量安全领域实施先进的风险分析系统和风险评估方法，通过引进、消化、吸收和转化，提出了我国农产品质量安全风险评估的初步概念、定义、做法和工作思路，得到农业部、国务院法制办和全国人大常委会相关专业（专门）委员会的认可，并正式纳入 2006 年 4 月 29 日第十届全国人民代表大会常务委员会第二十一次会议审议通过的《中华人民共和国农产品质量安全法》中。

至此，在我国，对农产品质量安全风险隐患、未知危害因子识别、已知危害因子危害程度评价、关键控制点和关键控制技术实施风险评估，不仅是一项技术和技术体系，更是一项法定制度，已成为我国农产品质量安全科学监管不可或缺的重要技术性、基础性工作。

1.2 农产品收贮运环节质量安全风险评估概况

我国水果、蔬菜资源丰富。据相关部门统计资料显示，我国水果蔬菜产量已连续多年位居世界农产品生产大国之首。但是农产品贮藏保鲜加工业却远远没有跟上农产品种植业的发展，保鲜技术的落后与整体产销脱节及区域性零散化经营的模式，使得我国每年生产的农产品从农田到餐桌，损失率高达25%～30%，而发达国家的农产品损失率则普遍控制在5%以下。农产品收获后，使用保鲜剂、防腐剂、添加剂等处理的目的是为了保持果实从采摘到销售期间能维持正常的风味、品质、营养成分和外观，提高其商品价值。目前，农产品产后贮运保鲜技术关键在于贮藏技术、运输技术和整个流通过程中穿插的保鲜材料的应用。发达国家有雄厚的资金和工业化手段支撑，农产品已普遍进入气调、冷链保鲜阶段。虽然气调贮藏保鲜法和冷藏保鲜法是延长农产品采后寿命和货架期最有效的方法，但都需要大量的设备和条件，对技术要求较高，投资大，不易在我国广大的农村和分散式的经营条件下实施。保鲜材料，尤其是化学试剂（保鲜剂、防腐剂、添加剂）因其设备投资小、使用成本低、操作简便易行等优点引起了广泛重视，得到了快速发展和推广应用。

近年来，食品安全事件屡屡发生，“舌尖上的安全”成为社会各界高度关注的焦点问题。作为食品安全的源头，农产品质量安全一直是舆论关注的重点。做好农产品质量安全工作，需要实现“从农田到餐桌”的全程监管。在新一轮国务院机构改革和职能调整中，强化了农业部门农产品质量安全监管职责，农业部门负责食用农产品从种植环节到批发、零售市场或生产加工前的质量安全监督管理，农产品质量安全监管链条进一步延长。目前针对果蔬保鲜剂、防腐剂、添加剂的使用状况尚缺少系统性的调查，面临家底不清、情况不明的情况。

农产品种植、采收、贮藏、运输等环节中所使用的防腐剂、保鲜剂和添加剂简称“三剂”。《农产品包装和标识管理办法》中对保鲜剂、防腐剂、添加剂进行了定义：保鲜剂是指保持农产品新鲜品质，减少流通损失，延长贮存时间的人

工合成化学物质或天然物质；防腐剂是指防止农产品腐烂变质的人工合成化学物质或者天然物质；添加剂是指为改善农产品品质和色、香、味以及加工性能加入的人工合成化学物质或者天然物质。为了减少水果、蔬菜收获后的腐烂变质，保鲜剂、防腐剂、添加剂的使用是目前最有效的手段。分类上主要包括人工合成化学物质和天然物质两大类，与天然物质相比，人工合成化学物质因其设备简单、投资小、成本低、使用简便、效果好等优点在农产品产前、产中、产后贮藏保鲜环节使用最为广泛。

农产品收贮运环节质量安全风险评估针对的是直接影响农产品质量安全的收获与初加工、包装、贮藏和运输环节，是农田到餐桌的关键环节。重点围绕解决农产品防腐剂、保鲜剂、添加剂的合理使用、农产品收贮运过程中病原微生物污染控制、食用农产品生物毒素防控、农产品贮藏运输过程中营养品质保持、食用农产品包装材料安全使用等五大方面开展。通过科学技术手段，探究风险产生的原因、变化规律，发现和验证在农产品收获、贮藏、包装、运输及产地初加工环节可能影响农产品质量安全的危害因子及其代谢产物，并对其危害程度进行评价，提出针对产业发展切实可行的解决方案，形成农产品贮运加工质量安全风险评估学科体系。

农业部农产品加工质量安全风险评估实验室（北京）牵头全国 26 所农产品质量安全风险评估实验室，自 2012 年开始对农产品采收、贮藏、运输环节可能影响农产品质量安全的危害因子进行评估，包括农产品最佳收获期研究；农产品贮藏过程中防腐、保鲜剂的合理规范使用，微生物及真菌毒素控制；农产品运输过程中机械损伤评估；产地初加工过程管控；农产品包装材料危害物迁移研究及包装材料适用性评价等。其中，农业部农产品加工质量安全风险评估实验室（北京）以农产品加工、包装、保鲜、贮存、运输过程中关键危害因子的识别、评估、预警、控制为研究重点，系统开展风险评估基础理论、检测技术、控制技术研究，以及风险监测、风险评估、风险交流、风险管理工作。主要研究内容包括：开展大宗粮油、畜产、果蔬产品保鲜、贮运、加工过程中防腐剂、保鲜剂、添加剂的识别监测、危害分析和安全控制技术研究；开展农产品和初加工农产品包装过程中挥发性有机物、加工助剂、包装印刷用油墨等危害因子的迁移变化规律、识别检测、风险评估和安全控制技术研究；开展农产品中真菌毒素在贮藏、加工过程中的消长规律、安全控制、风险评估及监测预警技术研究；开展农产品加工过程中加工工艺安全性评价及其对农产品和初加工农产品营养功能和品质的影响研究；开展农产品和初加工农产品中危害因子的人群暴露评估和健康效应研究，提出摄入量水平，并评价风险；承担主管部门下达的农产品质量安全风险评估、风险监测工作；参与国内外农产品加工质量安全风险交流；参与农产品加工质量安全相关标准制修订工作；承担相关领域的培训、公共服务和技术咨询工作。

风险评估工作是科学研究和技术研究的结合，技术问题促进科学研究，科学成果推进技术革新。因此，农产品收贮运环节质量安全评估工作对生产和消费引导具有重要意义。

2 大宗蔬菜收贮运环节风险防控

2.1 我国蔬菜产业现状

2.1.1 蔬菜生产概况

我国既是蔬菜生产大国，又是蔬菜消费大国。蔬菜是除粮食作物外栽培面积最广、经济地位最重要的作物。2016 年我国蔬菜产量在 80 005 万吨，种植面积在 2 166.9 万公顷左右；城镇居民消费量约为 50 000 万吨；我国蔬菜加工行业规模以上企业数量达 2 274 家，蔬菜加工行业规模总资产达到 1 721.15 亿元；行业销售收入为 3 736.39 亿元；蔬菜加工行业利润总额为 278.37 亿元。在当前市场开放、菜源扩大、品种增多的情况下，消费者对蔬菜品质的要求越来越高，绿色蔬菜、有机蔬菜等高品质蔬菜受市场欢迎程度日益增加，蔬菜生产由数量向质量转型。

近年来我国在蔬菜的收获、初加工、包装、贮藏和运输环节取得了较快发展，产品商品化率也不断提高，2015 年蔬菜商品化率已达到 50%，相比 2005 年提高一倍，预计 2020 年达到 60%。但发展程度与发达国家相比还存在一定的差距，尤其在净化、干燥、分级等初加工和贮藏环节发展相对滞后，一方面造成了严重的经济损失，另一方面也一定程度地影响着蔬菜产品的质量安全，存在一些风险隐患。作为一个农业大国，加强农产品收获、初加工、包装、贮藏和运输环节的风险管控，对于减少我国农产品产后损失，保持农产品营养品质，保障农产品质量安全意义重大。

从下表可以看出，我国蔬菜产量连年增长，播种面积也在逐步扩大。在全国 31 个省份，山东是蔬菜大省，多年占据全国产量第一，其次是河南，江苏作为南方省份位列第三。

表　我国蔬菜生产情况

年度	总产（万 t）	播种面积（千 hm^2）
2013	73 511. 99	2 089. 94
2012	70 883. 06	2 035. 26
2011	67 929. 67	1 963. 92
2010	65 099. 41	1 899. 99
2009	61 823. 81	1 838. 98

随着蔬菜产业结构的调整和优化、区域化布局基本形成、产业化经营进一步发展、流通体系建设进一步加强，主要以保证新鲜蔬菜的全年供应取代淡季蔬菜供不应求的状况。从全国范围看，山东、河北、辽宁等区域形成蔬菜产业集中地，蔬菜产品销往国内各大市场。从国际范围看，我国虽然是蔬菜生产第一大国，但不是强国，总体水平与国外相比有较大的差距，如蔬菜种植产业现代化水平不高、蔬菜标准化体系不完善等。

2. 1. 2　蔬菜产业存在的问题

我国蔬菜质量总体是安全的、食用是放心的，但是由于生鲜果蔬易腐、不耐贮，生产季节性和地域性强，致使局部地区、个别品种质量安全问题时有发生。近几年的毒豇豆、毒韭菜、毒生姜、药袋苹果等质量安全事件，曾一度引发消费恐慌，给果蔬生产造成重大损失。虽然蔬菜等农产品质量检测标准体系初步建立，但标准化生产推进力度不大，生产采标率低，农药使用不够科学，容易引起农残超标；杀虫灯、防虫网、黏虫色板、膜下滴灌等生态栽培技术控制农残效果明显，但普及率较低；监管力度不够，监测与追溯体系不健全，产地环境、农药、化肥、地膜等投入品和产品质量等关键环节监管不足。另外，水果蔬菜生产经营规模小、环节多、产业链长也加大了监管难度，致使部分农残超标、问题果蔬流入市场（全国蔬菜产业发展规划，2011—2020）。

2. 2　我国大宗蔬菜风险分析

2. 2. 1　蔬菜产业“三剂”来源

目前我国尚未形成系统的果蔬保鲜剂、防腐剂、添加剂生产体系。市面上流

通的蔬菜保鲜剂、防腐剂、添加剂有的来源于食品添加剂生产企业，或来源于农药生产企业的，或来源于化工产品生产企业；电子商务平台销售也日益增多；还有些是农民根据实际生产劳作经验自主配制，产品品种繁多、良莠不齐，没有统一的生产标准。

一部分蔬菜保鲜剂、防腐剂、添加剂，如柠檬酸、仲丁胺、二氧化氯等来源于食品添加剂厂家生产，可在食品添加剂厂家及食品添加剂市场购买。目前登记备案的食品添加剂生产许可获证企业为 3 148 家（国家食品药品监督管理总局，2015）。我国对食品添加剂生产企业实行“生产许可证制度”，由国家质量监督检验检疫总局负责许可证的颁发和监督管理工作。

一部分蔬菜保鲜剂、防腐剂、添加剂，如多菌灵、噻菌灵、咪鲜胺等来源于农药厂家，可在农药生产厂家及农资商店购买。目前登记备案的农药产品生产批准许可企业数量共计 898 家（工业和信息化部，2015）。依据《农药管理条例》，我国的农药登记和监管工作由国务院农业行政主管部门负责。生产（包括原药生产、制剂加工和分装）农药和进口农药，必须进行登记，严格执行农药登记制度。蔬菜保鲜剂、防腐剂、添加剂中很大一部分产品属于非食品添加剂、非农药的分类。包括盐酸、过氧化氢等化学试剂，工业氯化镁、工业火碱等工业投入品，这类保鲜剂、防腐剂、添加剂可在相关的化学试剂厂家、销售商、工厂购买。另外，很多保鲜剂、防腐剂、添加剂产品由多种试剂组分复配，此类保鲜剂、防腐剂、添加剂产品有的是正规公司正规生产，也有很大一部分为小作坊生产或农户自行生产，其用法、用量不明，质量不达标，部分产品有剧毒，对消费者身体健康造成极大的威胁。此部分为保鲜剂、防腐剂、添加剂质量安全问题多发的重灾区，需要大力监管。

2.2.2 典型大宗蔬菜“三剂”使用概况

叶菜类蔬菜具有叶表面积大、含水量高、组织脆嫩等特点，采后水分蒸发快，易受机械损伤，呼吸作用旺盛，产生大量呼吸热，易发生黄化、脱帮和腐烂，是生鲜农产品中最难保鲜的一类产品，也是保鲜剂、防腐剂、添加剂使用的重点领域。以白菜为例，白菜在贮运过程中的损耗量可达 30%，造成损耗的主要原因是脱帮、腐烂和失重。针对需长途运输、销售时间过长、需要贮藏至反季或春节前后的贮存菜品，为了防止腐烂等损耗，常常需要使用防腐剂保鲜。与叶菜类蔬菜相比，根茎类蔬菜的贮藏期一般较长。生姜、蒜薹、竹笋等蔬菜在收获期上市时价格普遍偏低，有很大一部分经地窖或冷库贮藏，待春节前后价格上升再上市，常常需要使用防腐剂保鲜。茄果类蔬菜中西红柿、黄瓜病虫害比较多，农药和添加剂的使用情况比较明显。

3 大宗蔬菜收贮运环节风险评估

3.1 绿叶菜类蔬菜

3.1.1 生菜（叶用莴苣）

（1）品种及产地

结球生菜、皱叶生菜、直立生菜，产地：全国。

（2）收贮运环节管理要点

<table>
<tr><th>项目</th><th colspan="3">内容</th></tr>
<tr><td rowspan="4">采收环节</td><td rowspan="3">采收期</td><td>结球生菜</td><td>8—10月</td></tr>
<tr><td>皱叶生菜</td><td>7—9月</td></tr>
<tr><td>直立生菜</td><td>7—9月</td></tr>
<tr><td>采收要点</td><td colspan="2">结球生菜可根据市场价格相继采收。结球生菜以叶球紧密后采收为好，过早会影响产量，过迟则叶球内茎伸长，叶球变松品质下降</td></tr>
<tr><td rowspan="2">贮藏环节
（贮藏方法）</td><td>方法1
冰箱保鲜</td><td colspan="2">贮藏要点：生菜经过整理，包上保鲜膜，放置在冰箱中保存
贮藏温度：0~1℃
贮藏时间：短时贮藏</td></tr>
<tr><td>方法2
气调保藏</td><td colspan="2">贮藏要点：将生菜整理后装入大号塑料袋，放入仓库货架
贮藏温度：0~3℃</td></tr>
</table>

（续表）

<table>
<tr><th>项目</th><th colspan="2">内容</th></tr>
<tr><td rowspan="2">运输环节</td><td>短途运输</td><td>运输方式：公路运输
运输温度：0~5℃
运输要点：先将生菜冷至0~5℃，装入透明塑料袋，封口，装入保温车，运输期限不超过24h</td></tr>
<tr><td>长途运输</td><td>运输方式：公路运输
运输温度：0~3℃
运输要点：相对湿度85%~90%，保持空气流通</td></tr>
<tr><td>易引发收贮运质量安全问题的生理特性</td><td colspan="2">生菜含水量大，运输过程中易发生腐烂情况</td></tr>
<tr><td>产地初加工</td><td colspan="2">无</td></tr>
<tr><td>目前的收贮运技术是否可以满足产业需求?</td><td colspan="2">否</td></tr>
<tr><td>收贮运环节主要问题</td><td colspan="2">运输过程中易发生腐烂现象</td></tr>
<tr><td>备注</td><td colspan="2">GB/T 25871—2010 结球生菜　预冷和冷藏运输指南</td></tr>
</table>

3.1.2 茼蒿

（1）品种及产地

大叶茼蒿，产地：南方地区；小叶茼蒿，产地：北方地区。

（2）收贮运环节管理要点

项目	内容		
采收环节	采收期	大叶茼蒿	4月、10月
		小叶茼蒿	10月
	采收要点	株高20cm左右时开始收割，在茎基部留2~3片叶割下，以促进侧枝发生，割完第一刀后再浇水追肥，促进侧枝发生，20~30天后再收获	
贮藏环节（贮藏方法）	低温贮藏	贮藏要点：采收后的茼蒿应立即预冷，贮存温度0℃，放于冷库的菜架上或码垛贮藏。为保持袋内气体成分稳定，每隔10天左右开袋换气1次，并擦去袋内凝结水珠。码垛用塑料大帐覆盖封闭贮藏 贮藏温度：0℃	
运输环节	短途运输	运输方式：公路运输 运输温度：常温 采用塑料薄膜袋做包装，将0.03mm厚的聚乙烯薄膜制成90cm×80cm规格的袋子，套入硬纸箱中，每袋装6kg茼蒿，松扎袋口。也可用塑料筐或箱直接包装	
	长途运输	—	
易引发收贮运质量安全问题的生理特性	茼蒿叶片较厚，不宜久存		
产地初加工	无		
目前的收贮运技术是否可以满足产业需求？	否		
收贮运环节主要问题	运输过程中易发生腐烂现象		

3.1.3 荠菜

（1）品种及产地

板叶荠菜、散叶荠菜，产地：全国。

（2）收贮运环节管理要点

项目	内容	
采收环节	采收期	9月至翌年6月
	采收要点	分次采收，采大留小，留植株要均匀适当
贮藏环节（贮藏方法）	方法1 沟藏	贮藏要点：在土地封冻前，将荠菜连根拔起，捆成小把。在风障后背阴处挖深40～50cm、宽1m的贮藏沟，将捆好的荠菜根朝下，依次排入沟内，盖一层湿土，以后随着气温下降再分层覆土
	方法2 假植贮藏	贮藏要点：将挖出的荠菜根上带些土，密排于阳畦内，定时浇水保湿
运输环节	短途运输	运输方式：公路运输 运输温度：0℃ 运输要点：相对湿度在95%以上为佳
	长途运输	荠菜不宜长途运销
易引发收贮运质量安全问题的生理特性	荠菜与其他鲜嫩易腐的绿叶菜相似，不宜长途运销，只宜鲜销	
产地初加工	干制	选择新鲜无叶伤的优质荠菜做原料，除去老叶和根。将荠菜洗净，装入烘筛进行干燥，温度控制在80℃，烘制时间为4h左右，以干制含水量6.5%以下为宜
	腌制	在荠菜尚未抽薹以前，用刀割取莲座型植株，清除杂物和老化的叶片，洗净，沥水后进行盐渍
	速冻	选用鲜嫩、无黄叶、无白斑、无抽薹、无病虫害的荠菜。采收后及时处理，剪掉根头，修去根须，挑出抽薹株。用清水将荠菜洗净，捆成小把，排放入竹筐，然后进行漂烫。漂烫后的荠菜立即投入冷水中冷却至中心温度为10℃。冷却的荠菜迅速沥去水分，整齐地摊放在格子中，置于-35℃左右的速冻机中冻结，至中心温度-18℃以下。冻结后的荠菜及时进行包冰衣。将冻好的荠菜取出，放进3～5℃的冷水中浸渍3～5min，立即捞出。包好冻衣的荠菜，装进聚乙烯塑料袋中密封，在-18℃以下冷藏
收贮运环节主要问题	荠菜与其他鲜嫩易腐的绿叶菜相似，不宜长途运销，只宜鲜销	

3.1.4 苦苣

（1）品种及产地

花叶苦苣，产地：南方地区；碎叶苦苣，产地：北方地区。

（2）收贮运环节管理要点

项目	内容		
采收环节	采收期	花叶苦苣	8月至翌年4月
		碎叶苦苣	1—2月
	采收要点	割顶上部10~15cm的嫩茎叶	
贮藏环节 （贮藏方法）	罐藏	贮藏要点：把苦苣装入罐中，倒扣于通风阴凉处	
运输环节	短途运输	运输方式：公路运输 运输温度：常温 运输要点：掰掉黄叶、病叶，捆把或装筐即可	
	长途运输	运输方式：公路运输 运输要点：要进行预冷，或在包装箱内放入冰块（冰块周围容易发生冻害）	
易引发收贮运质量安全问题的生理特性	苦苣采后产品极易萎蔫		
产地初加工	速冻	初加工要点：原料选择→处理→烫漂→整理→分装→沥水→预冷→冻结→挂冰衣→包装→贮藏	
	干制	初加工要点：原料分选、处理→烘烤干燥→回软、分级→压块→防虫处理→包装→成品贮藏	

3.1.5 油麦菜

(1) 品种及产地

纯香油麦菜，产地：全国。

(2) 收贮运环节管理要点

<table>
<tr><th>项目</th><th colspan="3">内容</th></tr>
<tr><td rowspan="2">采收环节</td><td>采收期</td><td>纯香油麦菜</td><td>全年</td></tr>
<tr><td>采收要点</td><td colspan="2">定植后约一个月，或从约 15 片叶时即可开始采收，通常在早晨进行，将充分长大、厚实而脆嫩的绿色叶片用手掰下即可</td></tr>
<tr><td>贮藏环节
(贮藏方法)</td><td>方法：
低温贮藏</td><td colspan="2">贮藏要点：适宜相对湿度 95%以上
贮藏温度：0℃</td></tr>
<tr><td rowspan="2">运输环节</td><td>短途运输</td><td colspan="2">运输方式：公路运输
运输温度：常温
运输要点：要求油麦菜的质量要高，叶片不要太嫩，水分含量宜低，收获时要轻收、轻放，避免机械损伤</td></tr>
<tr><td>长途运输</td><td colspan="2">运输方式：公路运输
运输要点：把油麦菜经过预冷处置后，装筐放入冷藏车</td></tr>
<tr><td>易引发收贮运质量安全问题的生理特性</td><td colspan="3">油麦菜不宜长期存放，根部易发霉腐烂</td></tr>
</table>

3.1.6 蕹菜（空心菜）

（1）品种及产地

子蕹，产地：北方地区；藤蕹，产地：南方地区。

（2）收贮运环节管理要点

项目	内容		
采收环节	采收期	子蕹	5—11 月
		藤蕹	5—11 月
	采收要点	采后用硫磺熏蒸处理	
贮藏环节（贮藏方法）	低温贮藏	贮藏要点：采收后，选择健壮、无病虫害的空心菜，剔除黄叶，烂叶、病虫叶保持空心菜表面清洁，然后装入塑料筐中，预冷 1~2 天后，小心整齐地放入内衬空心菜物理活性保鲜袋的泡沫箱（纸箱）内，泡沫箱（纸箱）和保鲜袋可以留有少量通气孔，保持通风散热 贮藏温度：2~3℃，相对湿度为 85%~95%	
	光照	贮藏要点：每天用红光照射空心菜 24h，连续 4 天，每隔 8h 通风换气一次 贮藏温度：(20±1)℃	
运输环节	短途运输	运输方式：公路运输 运输温度：常温 运输要点：空心菜采收完后每 1kg 左右扎成一捆。用刀子把空心菜的根部切齐。放到塑料袋里保存	
	长途运输	空心菜由于是带水的水生蔬菜，不宜长途运输	
易引发收贮运质量安全问题的生理特性	空心菜在贮运过程中容易腐烂		
目前的收贮运技术是否可以满足产业需求？	否		
收贮运环节主要问题	空心菜组织柔软，容易受到损伤，因而贮藏保鲜工作较难		
建议	监管建议：严厉禁止在空心菜采收过程中使用硫磺熏蒸处理 研究建议：加强对环保型保鲜方法的推广及新型保鲜方法的研究，如恒温保鲜或冷链物流		

3.1.7 芹菜

（1）品种及产地

本芹，产地：全国。

（2）收贮运环节管理要点

项目	内容		
采收环节	采收期	本芹	10—11 月
	采收要点	连根采收：采收前 1 天先在畦内灌水，等地面稍干时，在早晨植株含水量大、脆嫩时连根挖起 叶柄分批采收：采收时，用一只手扶住根颈部，用另一只手掰下叶柄；也可以用小刀割取，一次要采下所有长 40cm 以上的叶柄	
贮藏环节（贮藏方法）	方法 1 假植贮藏	贮藏要点：将根部带土采收的芹菜，单株或多株（或成捆）直立栽于假植沟内，充分浇水，以后可视土壤湿度再浇水 贮藏时间：2~3 个月	
	方法 2 冻藏	贮藏要点：北方冬季半地下窖贮藏，将成捆芹菜，根朝下倾斜紧排在窖内，装满后盖薄土。注意通风 贮藏温度：覆土后窖内温度保持-1~-2℃，出窖后置0~2℃的条件下缓慢解冻 贮藏时间：2~3 个月	
	方法 3 冷库贮藏	贮藏要点：将带短根的芹菜捆成小把，先在冷库内-1~-2℃条件下预冷一两天后装入塑料袋，每袋开通风孔，调节袋内气体，然后入库贮藏 贮藏温度：保持窖温 0.5℃，空气相对湿度 95%左右 贮藏时间：2~3 个月	
运输环节	短途运输	运输方式：公路运输 运输温度：常温 运输要点：应采取保温车，在适宜的温、湿度条件下运输。芹菜植株长而脆嫩，易折断造成机械损害，应采取较长型的竹筐包装，严防挤压	
	长途运输	运输方式：铁路运输 运输温度：室外温度 运输要点：应采取保温车，在适宜的温、湿度条件下运输。芹菜植株长而脆嫩，易折断造成机械损害，应采取较长型的竹筐包装，严防挤压	
易引发收贮运质量安全问题的生理特性	芹菜含水量较大，贮藏期易发生软腐病		

3.2 白菜类蔬菜

3.2.1 大白菜

（1）品种及产地

春大白菜（早熟），产地：山东地区、南方地区；夏大白菜（中熟），产地：全国；秋冬白菜（晚熟，主要品种），产地：全国。

（2）收贮运环节管理要点

项目	内容		
采收环节	采收期	春大白菜（早熟）	5—6月
		夏大白菜（中熟）	7—8月
		秋冬白菜（晚熟，主要品种）	10—11月。北京地区是在立冬时节，往北适当提前，往南逐渐错后。采收过早易发生包心不实，太晚会遭受冻害
	采收要点	采收前用1 000倍液50%扑海因可湿性粉剂喷施。采收时要在根长3cm左右砍倒白菜，放在田里晾晒2~3天，使外叶萎蔫变软，便于运输，经过晾晒白菜失水率损失约10%~15%	
贮藏环节（秋冬白菜贮藏方法）	方法1 堆藏	贮藏要点：白菜经过整理堆成根朝内头朝外的双行条形垛，适当留缝，贮藏期间要倒菜，一般3~4天倒一次 贮藏时间：短时贮藏	
	方法2 窖藏（使用最多）	贮藏要点：可调节窖内温度，比堆藏和埋藏时间长，质量好 贮藏时间：11月至翌年4—5月	
	方法3 埋藏	贮藏要点：将白菜单层直立沟内，在菜上盖一层菜叶，逐渐覆土 贮藏时间：冬季	
	方法4 冷库贮藏	贮藏要点：将白菜入库，直立或平放入柳条筐或塑料筐中，顺着冷库送风风向成行。一般半个月倒菜一次，做好通风 贮藏温度：0℃ 贮藏时间：11月至翌年6月或更久	

（续表）

项目	内容	
运输环节	短途运输	运输方式：公路运输 运输温度：0~5℃ 运输要点：先将菜顶预冷至0~5℃，装入透明塑料袋，封口，再装入保温车，运输期限不超过24h
	长途运输	运输方式：公路运输 运输温度：0~3℃ 运输要点：相对湿度85%~90%，保持空气流通
易引发收贮运质量安全问题的生理特性	白菜含水量大，对贮藏条件要求高，运输过程中易发生烂根情况	
目前的收贮运技术是否可以满足产业需求？	否	
收贮运环节主要问题	运输过程中易发生烂根现象	
建议	监管建议：严厉禁止在白菜运输过程中使用甲醛喷根 研究建议：加强对环保型保鲜方法的推广及新型保鲜方法的研究，如恒温保鲜或冷链物流	
备注	技术规范：NY/T 2868—2015 大白菜贮运技术规范	

3.2.2 小白菜

(1) 品种及产地

京绿7号，产地：北京；津智30，产地：河北省及东北地区。

(2) 收贮运环节管理要点

项目	内容		
采收环节	采收期	京绿7号	11月至翌年4月
		津智30	2—4月
	采收要点	采前要保持菜表面的干净卫生，并在收获前2~7天使用杀菌剂扑海因（0.05%~0.1%）或苯菌灵（0.05%~0.08%）进行喷洒。同时用0.004%的防落素溶液沿菜帮茎部向上均匀喷雾，可防止贮藏中脱帮。小白菜采收要适时，采收的标准是植株已充分长大，尚未开花，达到本品种的生长日期。采收过早影响产量，采收过晚组织纤维化程度增高，降低商品价值	
贮藏环节 （贮藏方法）	方法1 冷库贮藏	贮藏要点：将小白菜入库，顺着冷库送风风向成行，做好通风 贮藏温度：1~2℃ 贮藏时间：20天左右	
	方法2 气调贮藏	贮藏要点：充入惰性气体，氧气在2%~3%，二氧化碳2%~5%，低温保鲜 贮藏温度：0~1℃	
运输环节	短途运输	运输方式：公路运输 运输温度：1~10℃ 运输要点：先将菜顶预冷至0~5℃，分装于泡沫箱中，贮运中在码垛后的垛上覆盖一层塑料薄膜帐，可以较好地保持空气相对湿度	
	长途运输	运输方式：公路运输 运输温度：1~2℃ 运输要点：先将菜顶预冷至0~5℃，分装于泡沫箱中，贮运中在码垛后的垛上覆盖一层塑料薄膜帐，保持空气相对湿度	

（续表）

项目	内容
易引发收贮运质量安全问题的生理特性	小白菜喜冷，怕热。空气相对湿度低易引起失水萎蔫；贮温过高、呼吸消耗大易引起黄化；微生物侵染易引起腐烂，多发生在贮藏后期
目前的收贮运技术是否可以满足产业需求？	否
收贮运环节主要问题	运输过程中发生烂叶等腐烂现象
建议	研究建议：加强对环保型保鲜方法的推广及新型保鲜方法的研究，如恒温保鲜或冷链物流
备注	GB3301/T—1999 无公害蔬菜生产技术规程　小白菜

3.2.3 结球甘蓝（卷心菜）

（1）品种及产地

尖头型（早熟、早中熟），产地：东北、西北及华北地区；圆头型（早熟、早中熟），产地：北京、山西省等；平头型（中熟、晚熟），产地：河北省张家口等。

（2）收贮运环节管理要点

项目	内容		
采收环节	采收期	尖头型	8—10 月
		圆头型	8—10 月
		平头型	9—11 月
	采收要点	适时收获，以防裂球降低菜球的商品性。在采收过程中，留 2~3 片外叶，以保护叶球，避免雨淋，暴晒。用塑料筐装运，严防机械损伤	
贮藏环节（贮藏方法）	方法 1 气调贮藏	贮藏要点：充入惰性气体，氧气在 2%~3%，二氧化碳 2%~5%，低温保鲜 贮藏温度：0~1℃	
	方法 2 埋藏	贮藏要点：结球尚不紧实的甘蓝，上面覆盖秸秆，以后再根据外温变化逐步覆土或盖秸秆，以防冻害。埋藏不要封埋过早，以免伤热造成腐烂 贮藏时间：冬季	
	方法 3 窖藏	贮藏要点：在窖内可以堆码贮、架贮和筐装堆贮。码垛可码成三角形垛、长方形垛，最好是架贮，每层架上可摆放 2~3 层，架贮利于通风散热。筐装堆码也利于通风，效果也好 贮藏时间：11 月至翌年 4—5 月	
	方法 4 冷库贮藏	贮藏要点：堆码时注意留有空隙，以利通风排热。相对湿度90%~95%，在冷库内也可以利用菜架摆放几层，上面覆盖塑料薄膜保湿，避免干耗 贮藏温度：-1~0℃ 贮藏时间：11 月至翌年 6 月或更久	

（续表）

项目	内容	
运输环节	短途运输	运输方式：公路运输 运输温度：1～15℃ 运输要点：先将菜顶预冷至0～5℃，装入透明塑料袋，封口，装入保温车，运输期限不超过24h
	长途运输	运输方式：公路运输 运输温度：0～1℃ 运输要点：相对湿度85%～90%，保持空气流通
易引发收贮运质量安全问题的生理特性	易发生机械损伤	
目前的收贮运技术是否可以满足产业需求？	否	
收贮运环节主要问题	运输过程中发生机械损伤	
建议	研究建议：加强对环保型保鲜方法的推广及新型保鲜方法的研究，如恒温保鲜或冷链物流	
备注	GB/T 25873—2010 结球甘蓝　冷藏和冷藏运输指南	

3.2.4 娃娃菜

（1）品种及产地

大阪金铃（春秋季节），产地：全国；夏玲（夏季），产地：南方地区；夏秀（晚春、夏季），产地：北方地区。

（2）收贮运环节管理要点

项目	内容		
采收环节	采收期	大阪金铃（春秋季节）	—
		夏玲（夏季）	3—4月
		夏秀（晚春、夏季）	2—3月
	采收要点	娃娃菜是早熟品种，一旦成熟应及时采收，叶球过大或过紧实，易降低商品价值。采收时全株拔除，削平基部，除去多余的外叶	
贮藏环节（贮藏方法）	方法1 低温保鲜	贮藏温度：0℃	
	方法2 气调贮藏	贮藏要点：充入惰性气体，低温保鲜 贮藏温度：0℃	
运输环节	短途运输	运输方式：公路运输 运输温度：0~5℃ 运输要点：先将菜顶预冷至0~5℃，装入透明塑料袋，封口，装入保温车，运输期限不超过24h	
	长途运输	运输方式：公路运输 运输温度：0~3℃ 运输要点：相对湿度85%~90%，保持空气流通	
易引发收贮运质量安全问题的生理特性	娃娃菜含水量大，运输过程中易发生腐烂情况		
目前的收贮运技术是否可以满足产业需求？	否		
收贮运环节主要问题	易发生烂叶等腐烂现象，另外有不法商贩将“发育不良”的大白菜剥去菜帮冒充娃娃菜		
建议	研究建议：加强对环保型保鲜方法的推广及新型保鲜方法的研究，如恒温保鲜或冷链物流		
备注	DB62/T 1982—2010 高原夏菜娃娃菜生产技术规程		

3.2.5 芥蓝

（1）品种及产地

早熟（幼叶早、柳叶早、抗热等），产地：广州等；中熟（登峰、中迟、红脚等），产地：广州、佛山、潮汕等；晚熟（客村铜壳叶、三元里迟花等），产地：北京等。

（2）收贮运环节管理要点

<table>
<tr><th>项目</th><th colspan="3">内容</th></tr>
<tr><td rowspan="4">采收环节</td><td rowspan="3">采收期</td><td>早熟</td><td>4—9 月</td></tr>
<tr><td>中熟</td><td>9—11 月</td></tr>
<tr><td>晚熟</td><td>11 至翌年 3 月</td></tr>
<tr><td>采收要点</td><td colspan="2">芥蓝的叶片有特殊蜡层，采后不需进行防腐处理</td></tr>
<tr><td>贮藏环节
（贮藏方法）</td><td>方法
低温贮藏</td><td colspan="2">贮藏要点：采收后立即放入真空预冷机快速预冷，也可放置在 0～3℃的冷库中预冷，使菜温尽快降至 3℃以下。芥蓝预冷后分装于聚苯乙烯泡沫箱或带有塑料薄膜袋作内包装的蜡质纸箱中，在温度为 1～2℃、相对湿度为 90%～95%的冷库中贮藏
贮藏温度：1～2℃</td></tr>
<tr><td rowspan="2">运输环节</td><td>短途运输</td><td colspan="2">运输方式：公路运输
运输温度：常温
运输要点：短途运输加碎冰降低菜温，但是碎冰不直接与叶片接触，否则叶片将被“烫伤”，变青软，容易腐烂，失去商品价值</td></tr>
<tr><td>长途运输</td><td colspan="2">运输方式：公路运输
运输温度：1～3℃
运输要点：使用冷藏车或冷藏集装箱运输，将温度降到 1～3℃</td></tr>
<tr><td>易引发收贮运质量安全问题的生理特性</td><td colspan="3">芥蓝在贮运过程中花薹容易白心，叶片也易变黄和腐烂</td></tr>
<tr><td>产地初加工</td><td colspan="3">无</td></tr>
<tr><td>收贮运环节主要问题</td><td colspan="3">芥蓝在贮运过程中容易出现肉质硬化与开花落蕾</td></tr>
<tr><td>建议</td><td colspan="3">研究建议：加强对环保型保鲜方法的推广及新型保鲜方法的研究，如恒温保鲜或冷链物流</td></tr>
</table>

3.2.6 花椰菜（菜花）

（1）品种及产地

津雪88，产地：天津；荷兰雪球，产地：北京；白峰，产地：津京地区；日本雪山，产地：江苏省。

（2）收贮运环节管理要点

<table>
<tr><th>项目</th><th colspan="3">内容</th></tr>
<tr><td rowspan="5">采收环节</td><td rowspan="4">采收期</td><td>津雪88</td><td>10月初至10月底</td></tr>
<tr><td>荷兰雪球</td><td>9月底至10月初</td></tr>
<tr><td>白峰</td><td>9月底至10月初</td></tr>
<tr><td>日本雪山</td><td>10月中旬至10月底</td></tr>
<tr><td>采收要点</td><td colspan="2">采收标准：花球裸露，含水量较高，质地脆嫩时即可采收。采收时要小心操作，轻摘轻放，选择充分长大，表面圆正，边缘花蕾未散开的花球，一般在下午4：00~5：00采收，白花球下留2~3轮叶片处割下，如用于假植贮藏，要连根带叶采收。雨天不宜采摘</td></tr>
<tr><td rowspan="3">贮藏环节
（贮藏方法）</td><td>方法1
冷库贮藏</td><td colspan="2">贮藏要点：须注意氧不可低于2%，二氧化碳不能高于5%
贮藏温度：0℃
贮藏时间：50~60天</td></tr>
<tr><td>方法2
假植贮藏</td><td colspan="2">贮藏要点：假植后立即灌水，适当覆盖防寒，中午温度较高时适当放风
贮藏时间：冬季至春季</td></tr>
<tr><td>方法3
菜窖贮藏</td><td colspan="2">贮藏要点：贮藏期间须经常检查，发现覆盖膜上附着凝聚水要及时擦去，有黄、烂叶子随即摘除
贮藏时间：20~30天</td></tr>
</table>

（续表）

<table>
<tr><th>项目</th><th colspan="2">内容</th></tr>
<tr><td rowspan="2">运输环节</td><td>短途运输</td><td>运输方式：铁路或公路运输
运输温度：0~4℃
运输要点：摆放层数要根据其外叶的数量确定，外叶多的可码两层。失去保护的外叶只能摆一层，花头朝上</td></tr>
<tr><td>长途运输</td><td>—</td></tr>
<tr><td>易引发收贮运质量安全问题的生理特性</td><td colspan="2">贮存时花球易脱水而散花，稍有撞擦即出现锈斑，贮期较长时即出现黑霉病斑，品质劣化，造成浪费</td></tr>
<tr><td>产地初加工</td><td colspan="2">无</td></tr>
<tr><td>收贮运环节主要问题</td><td colspan="2">贮存时花球 易脱水而散花 ，稍有撞擦即出现锈斑</td></tr>
<tr><td>备注</td><td colspan="2">GB/T 20372—2006 花椰菜冷藏和冷藏运输指南</td></tr>
</table>

3.2.7 西兰花

（1）品种及产地

西兰花，产地：浙江省。

（2）收贮运环节管理要点

项目	内容	
采收环节	采收期	6—10月
	采收要点	采收标准：一般以手感花蕾粒子开始有些松动或花球边缘的花蕾粒子略有松散，花球表面紧密并平整、无凹凸时为采收适期。西兰花采收宜选择晴天的清晨或傍晚进行，采收时将花球连同10cm左右长的肥嫩花茎一起割下，放在避光阴凉的地方，尽快包装上市
贮藏环节 （贮藏方法）	方法 冷库贮藏	贮藏要点：在3~6h内降至1~2℃，通过-17℃低温快速预冷的方法可在5h内使菜温降至要求低温 贮藏温度：0~1℃
运输环节	短途运输	运输方式：公路运输 运输温度：0~1℃ 运输要点：冷藏车温度不宜高于4.5℃，否则小花蕾会很快黄化，对于没有冷藏设备条件贮运的，可于采收后及时在包装箱内加冰块降温，加冰量占箱总体积的1/3~2/5，并尽快运至目的地
	长途运输	—
易引发收贮运质量安全问题的生理特性	西兰花代谢非常旺盛，绿色花球迅速黄化	
收贮运环节主要问题	西兰花代谢非常旺盛，绿色花球迅速黄化，1~3天便失去商品价值	

3.3 根菜类蔬菜

3.3.1 白萝卜

（1）品种及产地

春萝卜、夏萝卜、秋萝卜，产地：全国。

（2）收贮运环节管理要点

项目	内容		
采收环节	采收期	春萝卜	11—12月
		夏萝卜	7—8月
		秋萝卜	9月
	采收要点	适时采收，肉质根充分膨大成熟时，剔除病、残、伤、烂萝卜	
贮藏环节 （贮藏方法）	方法1 沟藏	贮藏要点：贮藏沟挖宽1~1.5m，深度比冻土层深一些，东西走向，萝卜散堆在沟内，采用一层萝卜一层土进行贮藏，一般厚度不超过0.5m，根据当地天气适量增加或减少覆盖土厚度。土壤含水量保持在18%~20% 贮藏时间：冬季	
	方法2 窖藏	贮藏要点：将萝卜露地晾晒1天，用无锈消毒小刀削去叶片和休眠芽，窖内相对湿度85%，贮藏中检查堆中心温度，挑出病害、腐烂、发芽萝卜 贮藏温度：0℃左右 贮藏时间：冬季	
	方法3 堆藏	贮藏要点：利用棚窖、通风库进行，萝卜采收后晾晒一天，堆在窖或库内，堆高1.2~1.5m，堆上每隔1.5~2.0m设1个通风筒，若温度过低，在萝卜堆上覆盖草苫，湿度过低则洒水调节 贮藏温度：0℃左右 贮藏时间：冬季	
	方法4 冷库	贮藏要点：削去萝卜叶和顶芽，装入0.07~0.08mm厚聚乙烯薄膜袋，每袋装25kg，半封闭式 贮藏温度：1~3℃ 贮藏时间：均可	

（续表）

项目	内容	
运输环节	短途运输	运输方式：公路运输 运输温度：常温 运输要点：用篷布或其他覆盖物苫盖，根据天气采取相应防热、防冻、防雨措施，运输期限不超过 2 天
	长途运输	运输方式：公路运输 运输温度：0～2℃ 运输要点：快装快运，运输期限最长不超过 20 天
产地初加工	无	
易引发收贮运质量安全问题的生理特性	萝卜含水量高，贮藏期易发芽、抽薹，造成糠心	
目前的收贮运技术是否可以满足产业需求？	否	
收贮运环节主要问题	贮藏中易发生的病害是黑心病，田间感染，入贮后扩散，若贮藏期受冻，会引起软腐病和白腐病；贮藏温度过高，萝卜会发芽、抽薹及糠心	
建议	加强对环保型保鲜方法的推广及新型保鲜方法的研究，如恒温保鲜或冷链物流	
备注	DB21/T 1526—2007 樱桃水萝卜生产技术规程；DB11/T 166—2202 无公害蔬菜白萝卜生产技术规程；DB34/T 1213—2010 无公害萝卜生产技术规程	

3.3.2 玄参（水萝卜）

（1）品种及产地

春萝卜、夏萝卜、秋萝卜，产地：全国。

（2）收贮运环节管理要点

<table>
<tr><th>项目</th><th colspan="3">内容</th></tr>
<tr><td rowspan="4">采收环节</td><td rowspan="3">采收期</td><td>春萝卜</td><td>11—12 月</td></tr>
<tr><td>夏萝卜</td><td>7—8 月</td></tr>
<tr><td>秋萝卜</td><td>9 月</td></tr>
<tr><td>采收要点</td><td colspan="2">适时采收，肉质根充分膨大成熟时，剔除病、残、伤、烂萝卜</td></tr>
<tr><td rowspan="4">贮藏环节
（贮藏方法）</td><td>方法 1
沟藏</td><td colspan="2">贮藏要点：贮藏沟挖宽 1~1.5m，深度比冻土层深一些，东西走向，萝卜散堆在沟内，采用一层萝卜一层土进行贮藏，一般厚度不超过 0.5m，根据当地天气适量增加或减少覆盖土厚度。土壤含水量保持在 18%~20%
贮藏时间：冬季</td></tr>
<tr><td>方法 2
窖藏</td><td colspan="2">贮藏要点：将萝卜露地晾晒 1 天，用无锈消毒小刀削去叶片和休眠芽，窖内相对湿度 85%，贮藏中检查堆中心温度，挑出病害、腐烂、发芽萝卜
贮藏温度：0℃左右
贮藏时间：冬季</td></tr>
<tr><td>方法 3
堆藏</td><td colspan="2">贮藏要点：利用棚窖、通风库进行，萝卜采收后晾晒一天，堆在窖或库内，堆高 1.2~1.5m，堆上每隔 1.5~2.0m 设 1 个通风筒，若温度过低，在萝卜堆上覆盖草苫，湿度过低则洒水调节
贮藏温度：0℃左右
贮藏时间：冬季</td></tr>
<tr><td>方法 4
冷库</td><td colspan="2">贮藏要点：削去萝卜叶和顶芽，装入 0.07~0.08mm 厚聚乙烯薄膜袋，每袋装 25kg，半封闭式
贮藏温度：1~3℃
贮藏时间：均可</td></tr>
</table>

（续表）

项目	内容	
运输环节	短途运输	运输方式：公路运输 运输温度：常温 运输要点：用篷布或其他覆盖物苫盖，根据天气采取相应防热、防冻、防雨措施，运输期限不超过 2 天
	长途运输	运输方式：公路运输 运输温度：0~2℃ 运输要点：快装快运，运输期限最长不超过 20 天
易引发收贮运质量安全问题的生理特性	萝卜含水量高，贮藏期易发芽、抽薹，造成糠心	
产地初加工	无	
目前的收贮运技术是否可以满足产业需求？	否	
收贮运环节主要问题	贮藏中易发生的病害是黑心病，田间感染，入贮后扩散，若贮藏期受冻，会引起软腐病和白腐病；贮藏温度过高，萝卜会发芽、抽薹及糠心	
建议	加强对环保型保鲜方法的推广及新型保鲜方法的研究，如恒温保鲜或冷链物流	
备注	DB21/T 1526—2007 樱桃水萝卜生产技术规程；DB11/T 166—2202 无公害蔬菜白萝卜生产技术规程；DB34/T 1213—2010 无公害萝卜生产技术规程	

3.3.3 胡萝卜

（1）品种及产地

春播胡萝卜、秋播胡萝卜，产地：全国。

（2）收贮运环节管理要点

项目	内容		
采收环节	采收期	春播胡萝卜	6—7月
		秋播胡萝卜	10—11月
	采收要点	采收前3~7天不应灌水，晴天早晨或傍晚采收，避免机械伤害，采后避免阳光暴晒，尽量不在雨天采收	
贮藏环节（贮藏方法）	方法1 埋藏	贮藏要点：挖宽1m左右、深0.6~1.5m土沟，胡萝卜码在沟底，根部朝上，排紧，摆放一层胡萝卜，覆盖一层薄土，最后用稀土覆盖整平、压实，根据土壤干湿情况适时浇水 贮藏温度：1~3℃ 贮藏时间：冬季	
	方法2 窖藏	贮藏要点：待外界温度降至1~2℃时，胡萝卜入窖，窖底铺8~10cm细湿沙，胡萝卜和细沙交替铺垛，垛高1~1.5m，垛与垛之间留出一定空隙，入窖1个月后翻倒一次，上下置换，窖内相对湿度90%~95% 贮藏温度：1~2℃ 贮藏时间：冬季	
	方法3 气调保鲜	贮藏要点：贮藏前胡萝卜晾晒1天，装入筐内，在库内码成方形垛，在筐外用乙烯塑料帐密封。帐内氧气控制在2%~5%，二氧化碳在5%以下 贮藏温度：1℃±0.5℃ 贮藏时间：冬季	
	方法4 冷库	贮藏要点：胡萝卜预冷24h，整体堆码，垛宽1m，垛放2~3m，垛与垛之间留有空隙，轻拿轻放，避免造成机械损伤。每隔7~10天，通风换气 贮藏温度：0℃ 贮藏时间：夏季或冬季	

（续表）

项目	内容	
运输环节	短途运输	运输方式：公路运输 运输温度：常温 运输要点：用篷布或其他覆盖物苫盖，根据天气采取相应防热、防冻、防雨措施，运输期限不超过 2 天
	长途运输	运输方式：公路运输 运输温度：0～2℃ 运输要点：快装快运，运输期限最长不超过 20 天
易引发收贮运质量安全问题的生理特性	胡萝卜采收时携带的田间热量较多，在高温高湿下，易萌芽腐烂，直根生产期过长，易糠心	
产地初加工	无	
目前的收贮运技术是否可以满足产业需求？	否	
收贮运环节主要问题	贮藏中皮层受伤或冻害，主要为白腐病和褐斑病，部分生产商用 0.05% 扑海因或草菌灵浸蘸处理	
建议	严厉禁止在胡萝卜贮藏过程中使用过量扑海因或草菌灵	
备注	SB/T 10715—2012 胡萝卜贮藏指南；DB3703/T 040—2005 无公害胡萝卜生产技术规程；DB21/T 2643—2016 胡萝卜贮运技术规程	

3.4 豆类蔬菜

3.4.1 菜豆（四季豆）

（1）品种及产地

九粒白、紫花油豆，产地：全国；永盛先锋、龙城绿芸豆、优白特 918、翠芸 2 号，产地：山东。

（2）收贮运环节管理要点

<table>
<tr><th>项目</th><th colspan="3">内容</th></tr>
<tr><td rowspan="4">采收环节</td><td rowspan="3">采收期</td><td>九粒白</td><td>深冬大棚、春、秋</td></tr>
<tr><td>紫花油豆</td><td>6—8 月</td></tr>
<tr><td>永盛先锋、龙城绿芸豆、优白特 918、翠芸 2 号</td><td>深冬大棚、春、秋</td></tr>
<tr><td>采收要点</td><td colspan="2">产品观察：达到产品要求的长度、粗度，表面无损伤，非畸形
采收方式：人工分批次采摘，采大留小
伤、病、次果处置：挑拣，品质外观稍差的产品自家食用或低价销售</td></tr>
<tr><td>贮藏环节
（贮藏方法）</td><td colspan="3">四季豆一般不贮藏</td></tr>
<tr><td rowspan="2">运输环节</td><td>短途运输</td><td colspan="2">运输方式：敞篷车运输
运输温度：常温
运输要点：挑拣、丢弃伤、病、次果</td></tr>
<tr><td>长途运输</td><td colspan="2">运输方式：厢货车运输
运输温度：常温
运输要点：挑拣、丢弃伤、病、次果</td></tr>
<tr><td>产地初加工</td><td colspan="3">—</td></tr>
<tr><td>易引发收贮运质量安全问题的生理特性</td><td colspan="3">四季豆采后豆荚纤维化速度快，表面极易出现锈斑，短时间内即会萎蔫、腐烂</td></tr>
<tr><td>目前的收贮运技术是否可以满足产业需求？</td><td colspan="3">否</td></tr>
<tr><td>收贮运环节主要问题</td><td colspan="3">豆荚纤维化速度快，表面极易出现锈斑，短时间内即会萎蔫、腐烂</td></tr>
<tr><td>建议</td><td colspan="3">加强对四季豆保鲜技术的研究推广，如气调保鲜或速冻保鲜</td></tr>
<tr><td>备注</td><td colspan="3">技术规范：DB3201/T 092—2005 出口四季豆生产技术规程</td></tr>
</table>

3.4.2 豇豆

（1）品种及产地

蔓生型、矮生型，产地：全国。

（2）收贮运环节管理要点

<table>
<tr><th>项目</th><th colspan="3">内容</th></tr>
<tr><td rowspan="3">采收环节</td><td rowspan="2">采收期</td><td>蔓生型</td><td>春大棚及春、夏、秋季露地栽培</td></tr>
<tr><td>矮生型</td><td>夏、秋季露地栽培</td></tr>
<tr><td>采收要点</td><td colspan="2">产品观察：生长饱满、籽粒未显露的中等嫩度豆荚
采收方式：人工分批次采摘，采大留小
伤、病、次果处置：将过小、鼓粒和有破损的挑出，自家食用或低价销售</td></tr>
<tr><td>贮藏环节
（贮藏方法）</td><td>方法
埋藏</td><td colspan="2">贮藏要点：将豇豆装筐（箱），筐（箱）内留一定空隙，不要塞得过紧，然后搬入冷库内码垛，罩上塑料薄膜帐
贮藏条件：7～8℃，相对湿度80%～90%</td></tr>
<tr><td rowspan="2">运输环节</td><td>短途运输</td><td colspan="2">运输方式：敞篷车运输
运输温度：常温
运输要点：挑拣、丢弃伤、病、次果</td></tr>
<tr><td>长途运输</td><td colspan="2">运输方式：厢货车运输
运输温度：常温
运输要点：挑拣、丢弃伤、病、次果，在箱外四周及车顶放置足够的碎冰，使产品保持在较低温度下，或用冷藏车运输</td></tr>
<tr><td>易引发收贮运质量安全问题的生理特性</td><td colspan="3">豇豆含水量高、易老化和腐烂，高温下豆荚里的籽粒迅速生长，荚壳中的物质很快被消耗，导致豆荚迅速衰老、变软变黄、豆荚脱水皱缩、籽粒发芽</td></tr>
<tr><td>产地初加工</td><td colspan="3">—</td></tr>
</table>

（续表）

项目	内容
目前的收贮运技术是否可以满足产业需求？	否
收贮运环节主要问题	豇豆含水量高、易老化和腐烂，高温下豆荚里的籽粒迅速生长，荚壳中的物质很快被消耗，导致豆荚迅速衰老、变软变黄、豆荚脱水皱缩、籽粒发芽
建议	加强对豇豆保鲜技术的研究推广，如气调保鲜或速冻保鲜
备注	技术规范：DB3201/T 021—2003 无公害农产品豇豆生产技术规程

3.4.3 扁豆

（1）品种及产地

白扁豆、紫扁豆，产地：辽宁、南方地区、北方地区。

（2）收贮运环节管理要点

项目	内容	
采收环节	采收期	9—10月
	采收要点	果壳变为黄白色略皱缩时采收
贮藏环节 （贮藏方法）	方法 埋藏	贮藏方法：冷藏贮存 贮藏要点：嫩荚货架期较短，采用冷藏适宜的贮藏温度0~2℃，相对湿度85%~90%，鲜豆荚可进行7~14天短期冷藏 贮藏温度：0~2℃
运输环节	短途运输	运输方式：公路运输 运输温度：常温 运输要点：短途运输时，运输工具应清洁，轻拿轻放，防日晒雨淋
	长途运输	运输方式：冷藏运输 运输温度：0~2℃ 运输要点：长途运输须预冷，进行冷藏运输
易引发收贮运质量安全问题的生理特性	对贮藏条件要求高，运输过程中易发生腐烂情况	
产地初加工	去蒂和顶尖，去筋，清洗沥水	
收贮运环节主要问题	运输过程中易发生腐烂现象	
备注	DB3211/z 010—2006 扁豆生产技术规程；DB21/T 1527—2007 农产品质量安全　扁豆生产技术规程；DB34/T 1775—2012 扁豆生产技术规程	

3.4.4 荷兰豆

（1）品种及产地

荷兰豆品种很多，按豆荚大小一般分成大荚和小荚两大类。产地：世界各地均有，中国主要产区有四川、河南、湖北、江苏、青海等。

（2）收贮运环节管理要点

项目	内容	
采收环节	采收期	北方露地春播、夏收；西南部地区 10 月下旬至翌年 1 月收获上市；华南地区 11 月至翌年 3 月收获上市
	采收要点	采摘宜在当天气温较低时进行；采摘时宜选择植株生长发育部位正常的豆荚；在采收装运中要尽量减少豆荚损伤，尤其是豆荚尖端。产品卫生指标应符合相应的标准规定；豆荚应外形完好、新鲜、无褐斑、无病虫害及其他损伤；采收成熟度除考虑品质外，还应根据市场需求和产品用途综合考虑
贮藏环节（贮藏方法）	方法 1 冷库贮藏	贮藏要点：经过预冷后入冷库贮藏，然后用塑料薄膜罩好 贮藏温度：贮藏期间温度保持 0℃，湿度 85%~90%。初入库时每隔 2 天检查 1 次温度、湿度及气体成分，使气体含量为氧气 5%~10%、二氧化碳 5%，并及时抖动塑料薄膜通风换气。以后每隔 5 天检查 1 次，如发现豆荚开始变黄，应立即出售 贮藏时间：1~2 个月
	方法 2 冷冻贮藏	贮藏要点：将洗净的豆粒投入沸水中漂烫 2min，捞起后立即放入冷水中冷却至室温，沥干水分，装入塑料袋中，排出袋内空气 贮藏温度：把塑料袋放入−25℃速冻库中，充分冻结后在−18℃贮藏库内可存放 贮藏时间：在−18℃贮藏库内可存放 12 个月
	方法 3 小包装 贮藏法 （菜用）	贮藏要点：将豆粒装入 0.01mm 厚的聚乙烯塑料袋内，每袋 5kg。密封袋口，袋内加消石灰 0.5~1kg，贮藏在库内，用 0.01ml/L 仲丁胺熏蒸防腐 贮藏温度：贮藏温度为 8~10℃，每 10~14 天开袋检查一次 贮藏时间：30 天

（续表）

项目	内容	
运输环节	短途运输	运输方式：公路运输 运输温度：0~4℃ 运输要点：将充分预冷或者冷藏后的荷兰豆装入冷藏车直接运输。短期运输的荷兰豆也可以直接装入没有内衬塑料保鲜袋的纸箱中。运输过程中要注意检查冷藏车温度。采用该种方法贮运，荷兰豆新鲜如初，由采收到市场终端大概 35~45 天
	长途运输	运输方式：公路运输 运输温度：-18℃ 运输要点：运输需用-18℃冷藏车或集装箱运输
易引发收贮运质量安全问题的生理特性	采收的嫩梢以鲜销为主，采后应放在阴凉或冷凉处；采收的嫩豆荚、嫩豆粒（带荚或不带荚）极易老化变质	
产地初加工	荚果均食用的豆类：掐去蒂和顶尖去筋—清洗沥水，如荷兰、扁豆等 食其种子的豆类：剥去外壳—取出籽粒—清洗沥水，如豌豆等	
目前收贮运技术是否可以满足产业需求？	否	
收贮运环节主要问题	采收的嫩豆荚、嫩豆粒（带荚或不带荚）因极易老化变质，应及时预冷，温度以接近 0℃为宜	
建议	建议不使用或不超量使用 0.01ml/L 仲丁胺防腐剂	
备注	技术规范：NY/T 1202—2006 豆类蔬菜贮藏保鲜技术规程	

3.4.5 青豆

（1）品种及产地

青豆，产地：全国。

（2）收贮运环节管理要点

项目	内容		
采收环节	采收期	青豆	东北 10 月；中原、华北 9 月
	采收要点	适时收获。青豆是直接从田地里收获后直接剥开，就是新鲜的黄豆	
贮藏环节 (贮藏方法)	方法 冷库贮藏	贮藏要点：－18℃冷冻贮藏，温度波动要求控制在 2℃以内 贮藏温度：－18℃	
运输环节	短途运输	运输方式：公路运输 运输温度：必须保持-15℃以下 运输要点：运输产品时应避免日晒、雨淋	
	长途运输	运输方式：铁路运输 运输温度：-15℃以下 运输要点：产品冷藏库运出后，运输过程中其温度上升应保持在温度最低限度	
产地初加工	初加工方法：青豆罐头 初加工要点：制罐头用青豆的采收时期极其重要。为获得甜嫩的品质，必须在青豆幼嫩时进行采收，采收后迅速加工。采收过迟，豆粒成熟，淀粉含量高，质地粗糙，制成罐头汤汁混浊，并有黏性。作护色的豆，由于蜡质厚，护色困难		
收贮运环节 主要问题	运输时不得与有毒、有害、有异味或影响产品质量的物品混装运输；贮存时不得与有害、有毒、有异味易挥发、有腐蚀性的物品同处贮存		
备注	企业标准：Q/HDH001—2010 速冻果蔬		

3.4.6 豌豆

（1）品种及产地

品种：按株形分为：软荚豌豆、谷实豌豆、矮生豌豆；按荚壳内层革质膜的有无和薄厚分为：软荚豌豆和硬荚豌豆；按花色分为：白色豌豆和紫（红）色豌豆。

产地：我国干豌豆产区主要分布在四川、河南、云南、湖北、甘肃、陕西、青海、西藏[①]、新疆[①]等省区。青豌豆主要分布在大、中城市的郊区。我国将豌豆划分为春豌豆和秋豌豆2个产区：春豌豆的产区包括青海、宁夏[①]、新疆、西藏、内蒙古[①]、辽宁、吉林、黑龙江、甘肃西部和陕西、山西、河北北部；秋豌豆的产区包括河南、山东、江苏、浙江、云南、四川、贵州、湖北、甘肃东部和山西、河北南部与长江中下游、黄淮海地区。

（2）收贮运环节管理要点

<table>
<tr><th>项目</th><th colspan="3">内容</th></tr>
<tr><td rowspan="3">采收环节</td><td rowspan="2">采收期</td><td>春豌豆</td><td>一般3月底至4月初播种，6月末至7月初收获</td></tr>
<tr><td>秋豌豆</td><td>一般9月底或10月初至11月播种，翌年4—5月收获</td></tr>
<tr><td>采收要点</td><td colspan="2">采摘宜在当天气温较低时进行；采摘时宜选择植株生长发育部位正常的豆荚；在采收装运中要尽量减少豆荚损伤，尤其是豆荚尖端。产品卫生指标应符合相应的标准规定；豆荚应外形完好、新鲜、无褐斑、无病虫害及其他损伤；采收成熟度除考虑品质外，还应根据市场需求和产品用途综合考虑</td></tr>
<tr><td>贮藏环节
（贮藏方法）</td><td>方法1
常规库存</td><td colspan="2">贮藏要点：应贮存在清洁、干燥、防雨、防潮、防虫、防臭、无异味的仓库内，不应与有毒有害物质或水分较高的物质混存。整个贮藏期间要保持库温和库内湿度的相对稳定，应适时适度更换新鲜空气。一周内至少应对库房通风换气一次
贮藏温度：1~3℃，湿度85%~90%。
贮藏时间：10~30天</td></tr>
</table>

① 西藏自治区简称西藏；新疆维吾尔自治区简称新疆；宁夏回族自治区简称宁夏；内蒙古自治区简称内蒙古；广西壮族自治区简称广西，全书同

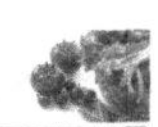

（续表）

项目	内容	
贮藏环节 （贮藏方法）	方法 2 冷却贮藏法	贮藏要点：把洗净的豆粒投入 100℃沸水中漂烫 2min 左右，捞起后立即放入冷水中冷却至室内温度、沥干水分装入塑料袋中，排出袋内空气，把塑料袋放入-25 ℃速冻库中，充分冻结后，存放在-18℃贮藏库内，可长期存放，以半年至一年为限 贮藏温度：-18 ℃ 贮藏时间：半年至一年
	方法 3 小包装 贮藏法	贮藏要点：将豆粒装入 0.01mm 厚的聚乙烯塑料袋内，每袋 5kg，密封袋口，袋内加消石灰 0.5~1kg 贮藏在库内，用 0.01ml/L 仲丁胺熏蒸防腐，贮藏温度为 8~10℃，每 10~14 天开袋检查 1 次 贮藏温度 ：8~10℃ 贮藏时间：保鲜 30 天
运输环节	短途运输	运输方式：公路运输 运输温度：0~4℃ 运输要点：将充分预冷或者冷藏后的豌豆装入冷藏车直接发车运输。短期运输的豌豆也可以直接装入没有内衬塑料保鲜袋的纸箱中。运输过程中要注意检查冷藏车温度
	长途运输	运输方式：公路运输 运输温度：-18℃ 运输要点：运输需用-18℃冷藏车或集装箱运输
易引发收贮运质量安全问题的生理特性	收获季节温度较高，容易变质	
产地初加工	荚果均食用的豆类：掐去蒂和顶尖—去筋—清洗沥水 食其种子的豆类：剥去外壳—取出籽粒—清洗沥水	
目前的收贮运技术是否可以满足产业需求？	—	
收贮运环节主要问题	豌豆采后极易变质，故采后须立即冷藏，温度在 0℃左右。贮藏温度过低易遭冻害，表现为豆粒上出现凹陷的锈斑，有的呈水渍状斑块随即腐烂	
建议	建议不使用或不超量使用 0.01ml/L 仲丁胺防腐剂	
备注	NY/T 1202—2006 豆类蔬菜贮藏保鲜技术规程；GB/T 10460—2008 豌豆	

3.4.7 菜用大豆（毛豆）

（1）品种及产地

毛豆，产地：全国。

（2）收贮运环节管理要点

项目	内容	
采收环节	采收期	5—10月
	采收要点	采摘宜在当天气温较低时进行；采摘时宜选择植株生长发育部位正常的豆荚；在采收装运种要尽量减少豆荚损伤，尤其是豆荚尖端。产品卫生指标应符合相应的标准规定；豆荚应外形完好、新鲜、无褐斑、无病虫害及其他损伤；采收成熟度除考虑品质外，还应根据市场需求和产品用途综合考虑
贮藏环节（贮藏方法）	方法1 冷却贮藏	贮藏要点：把洗净的毛豆投入100℃沸水中漂烫2min左右，捞起后立即放入冷却水中冷却至室内温度，沥干水分装入塑料袋内，排出空气。塑料袋放入-25℃的速冻库中，充分冻结后，放在-18℃的贮藏袋中 贮藏温度：-18℃ 贮藏时间：一般半年至一年
	方法2 小包装 贮藏法	贮藏要点：将豆粒放入0.01mm聚乙烯塑料袋内，每袋5kg，密封膜口，袋内加消石灰0.5～1kg，贮藏在冷库内，用0.01ml/L仲丁胺熏蒸防腐，每10～14天开袋检查1次 贮藏温度：贮藏温度为8～10℃ 贮藏时间：30天左右
运输环节	短途运输	运输方式：公路运输 运输温度：8～10℃ 运输要点：将产品预冷后采用保温包装并配备保温设施

（续表）

<table>
<tr><th>项目</th><th colspan="2">内容</th></tr>
<tr><td>运输环节</td><td>长途运输</td><td>运输方式：公路运输
运输温度：8~10℃
运输要点：需配备机械冷藏设备。运输过程中温度、湿度和通风换气等要求与贮藏条件基本一致</td></tr>
<tr><td>产地初加工</td><td colspan="2">初加工方法：速冻
初加工要点：漂烫水温在 98~100℃，漂烫时间 85s，以氧化酶活性刚被抑制为准，此时豆肉呈鲜绿色，食之无生味。冷却：漂烫必须迅速冷却物料至中心温度 15℃以下，冷却用水有效游离氯浓度必须保持 5~10mg/kg。冻结温度在-23℃以下，产品中心温度不高于-18℃
贮藏温度：冷藏温度-18℃以下
贮藏时间：贮藏≤2 年</td></tr>
<tr><td>建议</td><td colspan="2">加强对环保型保鲜方法的推广及新型保鲜方法的研究</td></tr>
<tr><td>备注</td><td colspan="2">NY/T 1202—2006 豆类蔬菜贮藏保鲜技术规程；SN/T 0626. 5—1997 出口速冻蔬菜检验规程　豆类；NY/T 748—2012 绿色食品　豆类蔬菜</td></tr>
</table>

3.5 瓜类蔬菜

3.5.1 南瓜

(1) 品种及产地

食用南瓜，产地：山东。

(2) 收贮运环节管理要点

项目	内容	
采收环节	采收期	10—11 月。北京地区是在立冬时节，往北适当提前，往南逐渐错后
	采收要点	采收嫩瓜勿损伤叶蔓，并加强肥水管理，促进植株继续开花结果，分批上市。熟瓜的表面蜡粉增厚，皮色由绿色转变为黄色或者红色，用指甲轻轻刻划表皮时不易破裂
贮藏环节 (贮藏方法)	方法 1 堆藏	贮藏要点：堆放前在地面上先铺一层细沙、麦秸或稻草，码放时瓜蒂朝里，瓜顶向外，逐个依次堆码成圆堆，每堆 15~25 个，高度以 5~6 个瓜的高度为宜。堆放时留出通道，以便检查。也可装筐堆藏，每筐不宜装得太满离筐口留有一个瓜的距离，以利于通风和避免挤压。瓜筐堆放可采用骑马式，以 3~4 个筐的高度为宜。贮藏前期外界气温较高，要注意通风换气降温排湿，避免由于早晚温度变化使瓜身表面附着水珠。室内空气要保持新鲜干燥 贮藏温度：8℃以上
	方法 2 架藏	贮藏要点：在库内或窖内用木杆、竹竿或铁制品搭成分层贮藏架，铺垫草料，将瓜堆放在架上。或用板条箱衬垫一层麦秸后，将瓜码放在架上。码放高度为 2~3 层。此法通风散热，效果优于堆藏。架藏的仓位选择、降温、防寒和通风等要求与堆藏相同 贮藏温度：8℃以上
	方法 3 通风库贮藏	贮藏要点：将挑选好并经过预冷的南瓜装入筐内或编织袋内，放在通风库的货架上。温度控制在 10℃左右，相对湿度控制在 70%左右

（续表）

项目	内容	
运输环节	短途运输	运输方式：公路运输 运输温度：常温 运输要点：垫上草垫，码放整齐即可
	长途运输	运输方式：公路运输 运输温度：常温 运输要点：垫上草垫，码放整齐即可
产地初加工	无	
易引发收贮运质量安全问题的生理特性	对运输条件要求低，避免碰伤，伤后易腐烂	
目前的收贮运技术是否可以满足产业需求？	否	
收贮运环节主要问题	运输过程中码放整齐，避免碰伤	
备注	SB/T 10881—2012 南瓜流通规范	

3.5.2 冬瓜

（1）品种及产地

小型冬瓜、青皮冬瓜，产地：山东。

（2）收贮运环节管理要点

项目	内容		
采收环节	采收期	小型冬瓜	5—6 月
		青皮冬瓜	7—8 月
	采收要点	采收前用1 000倍液 50%扑海因可湿性粉剂喷施。采收时在根长 3cm 左右砍倒白菜，放在田里晾晒 2~3 天，使外叶萎蔫变软	
贮藏环节（贮藏方法）	方法 1 堆藏	贮藏要点：地面先铺上一层麦秸或稻草，再堆瓜 2~3 层。原来是吊着生长的要蒂柄自上直立放。每堆之间留有空道，以通风散热 贮藏温度：10~20℃ 贮藏时间：4 个月左右	
	方法 2 窖藏	贮藏要点：可调节窖内温度，比堆藏和架藏时间长，质量好 贮藏温度：10~20℃	
	方法 3 架藏	贮藏要点：在库内或窖内用木杆、竹竿或铁制品搭成分层贮藏架，铺垫草料，将瓜堆放在架上。或用板条箱衬垫一层麦秸后，将瓜码放在架上。码放高度为 2~3 层。架藏的仓位选择、降温、防寒和通风等要求与堆藏相同 贮藏温度：10~20℃ 贮藏时间：4 个月左右	
	方法 4 冷库	贮藏要点：将冬瓜入库，直立放入柳条筐或塑料筐中，顺着冷库送风风向成行 贮藏时间：6 个月以上	

（续表）

项目	内容	
运输环节	短途运输	运输方式：公路运输 运输温度：常温 运输要点：垫上草垫，码放整齐即可。尽量避免碰掉白霜，不利于运输贮存
	长途运输	运输方式：公路运输 运输温度：常温 运输要点：垫上草垫，码放整齐即可。尽量避免碰掉白霜，不利于运输贮藏
产地初加工	无	
易引发收贮运质量安全问题的生理特性	冬瓜对运输要求低，表面有白霜，尽量避免白霜的损失	
目前的收贮运技术是否可以满足产业需求?	否	
收贮运环节主要问题	运输中避免碰掉白霜，影响冬瓜贮存	
备注	DB3201/T 111—2007 冬瓜生产技术规程	

3.5.3 苦瓜

（1）品种及产地

苦瓜按果实的形状可分为三种类型：短圆形苦瓜、长圆形苦瓜、条形苦瓜；按瓜皮颜色分为青皮苦瓜和白皮苦瓜。产地：山东。

（2）收贮运环节管理要点

项目	内容	
采收环节	采收期	5—10 月
	采收要点	苦瓜老嫩均可食用，但一般为了保证食用品质，提高产量，多采收中等成熟的果实。一般自开花后 12~15 天为适宜采收期，应及时采收。采前控水。在收获前 2~3 天停止浇水，防止损伤。避雨、露水。低温采收。采收后最好能以纸类或保鲜膜包裹贮存，除可减少瓜果表面水分散失，还可保护柔嫩的瓜果，避免擦伤
贮藏环节（贮藏方法）	方法 1	贮藏要点：相对湿度：85%~90%以上。冷害：10℃以下 贮藏温度：10~13℃ 贮藏时间：2~3 周
	方法 2	贮藏要点：提供适宜贮藏条件的冷库、半地下式菜窖或土窖均可作为苦瓜的贮藏场所。贮藏用包装与包装内贮量不宜过大，如采用聚乙烯薄膜袋做包装，需用折口贮藏法，以防止乙烯的过多积累。贮运时不宜与释放乙烯较多的果蔬混藏或混运 贮藏温度：适宜条件 贮藏时间：2~3 周
运输环节	短途运输	运输方式：公路运输 运输温度：常温 运输要点：炎热天气或遇雨，要有遮阴和遮雨设施，防止日晒、雨淋。严冬季节要采用防寒措施，如盖棉被、或稻苫等。以加衬筐装为宜，若用散装，则要码放牢固并加铺垫，以免造成损失

（续表）

项目	内容	
运输环节	长途运输	运输方式：公路运输 运输温度：7～10℃ 运输要点：加乙烯吸收剂。以加内衬的纸箱、竹筐等做包装，严禁与释放乙烯较多的果蔬混运
产地初加工	苦瓜一般不进行产地初加工。市面上的苦瓜产品品种较多，如苦瓜蜜饯、苦瓜饮料、苦瓜功能食品等多为深加工产品	
易引发收贮运质量安全问题的生理特性	影响苦瓜贮存的因素有苦瓜的成熟度，苦瓜受伤与否、环境乙烯及贮存温度等	
目前的收贮运技术是否可以满足产业需求？	—	
收贮运环节主要问题	水分散失、擦伤、打蔫	
备注	苦瓜种植技术标准（吉林洮南市农业局）	

3.5.4 西葫芦

（1）品种及产地

特早，产地：甘肃；早青，产地：广东；冬宝，产地：山东。

（2）收贮运环节管理要点

项目	内容	
采收环节	采收期	5—10 月
	采收要点	采收标准：西葫芦开花 10~12 天即可采收，早采摘根瓜，防止坠秧
贮藏环节 （贮藏方法）	方法 1 窖藏	贮藏要点：宜选用主蔓上第二个瓜，根瓜不宜窖藏 贮藏温度：24~27℃ 贮藏时间：2 周
	方法 2 堆藏	贮藏要点：在室内地面铺麦草，将老熟瓜的瓜蒂向外、瓜顶向内，依次码成圆堆，每堆15~25 个，以 5~6 层为宜。堆码时留出通道 贮藏温度：0℃
	方法 3 架藏	贮藏要点：在空屋内，用竹、木或钢筋做成分层的贮藏架，架底垫上草袋，将瓜堆在架子上，或用板条箱垫一层麦秸作为容器
	方法 4 嫩瓜贮藏	贮藏要点：按级别用软纸逐个包装，放在筐内或纸箱内贮藏。临时贮存时尽量放在阴凉通风处，最好贮存在适宜温度和湿度的冷库。在冬季长途运输时，要用棉被和塑料布密封覆盖，以防冻伤 贮藏温度：5~10℃ 贮藏时间：2 周
运输环节	短途运输	运输方式：公路运输 运输温度：5~10℃ 运输要点：不宜与易产生乙烯的果蔬混运
	长途运输	运输方式：公路运输 运输温度：5~10℃ 运输要点：冬季长途运输时要注意防冻伤，温度低于储存温度时，要用棉被或塑料布等保温设备密封覆盖
产地初加工	无	
易引发收贮运质量安全问题的生理特性	内瓤振动受伤易导致腐烂	

3.6 葱蒜类蔬菜

3.6.1 大葱

(1) 品种及产地

章丘大葱、日本（铁杆）大葱，产地：山东地区。

(2) 收贮运环节管理要点

项目	内容		
采收环节	采收期	章丘大葱	9—10月，或立冬前后
		日本（铁杆）大葱	5—11月，大棚栽培能够常年供应市场
	采收要点	大葱采收就地晾晒几个小时，除去根上的泥土，剔除病、伤株，捆成10kg左右的捆。采收前有喷洒杀虫剂和硫酸铜等情况	
贮藏环节（贮藏方法）	方法1 沟埋贮藏	贮藏要点：大葱采收后，捆成捆，晾晒6天左右。挖贮藏沟，沟距50~70cm，沟深40~50cm，把葱摆放在贮藏沟内，然后用土埋严葱白部分。在严寒到来之前，用草帘或玉米秸秆覆盖 贮藏温度：0℃以下 贮藏时间：可贮藏到翌年3月中下旬	
	方法2 冷库贮藏	贮藏要点：将无病虫害、无伤残的大葱捆成10kg左右的捆，装入箱或筐中，放入冷藏库堆码贮藏。库内保持0~1℃，相对湿度80%~85%。贮藏期间要定期检查，及时剔除腐烂变质的大葱 贮藏温度：0~1℃ 贮藏时间：3~6个月	
	方法3 窖藏法	贮藏要点：采收后晾晒数日，把大葱捆成10kg左右的捆，直立排放于干燥、有阳光避雨的地方晾晒。当气温降到0℃以下时，入窖内贮存。窖内保持0℃低温，注意防热防潮 贮藏温度：0℃ 贮藏时间：3、4个月	

（续表）

<table>
<tr><th>项目</th><th colspan="2">内容</th></tr>
<tr><td rowspan="2">运输环节</td><td>短途运输</td><td>运输方式：公路运输
运输温度：0~4℃
运输要点：将大葱预冷至0~4℃，装入透明塑料袋，封口，装入保温车，运输期限不超过24h</td></tr>
<tr><td>长途运输</td><td>运输方式：公路运输
运输温度：0~3℃
运输要点：相对湿度85%~90%，保持空气流通</td></tr>
<tr><td>易引发收贮运质量安全问题的生理特性</td><td colspan="2">鲜大葱收贮运环节容易发生腐烂、变质</td></tr>
<tr><td>目前的收贮运技术是否可以满足产业需求？</td><td colspan="2">否</td></tr>
<tr><td>收贮运环节主要问题</td><td colspan="2">收贮运环节最主要的问题：腐烂、非法使用“三剂”</td></tr>
<tr><td>建议</td><td colspan="2">标准制修订建议：建议尽快制定“大葱鲜品加工和贮运技术规范”国家标准
优先评估建议：杀虫剂、杀菌剂
研究建议：加强对环保型保鲜方法的推广及新型保鲜方法的研究</td></tr>
<tr><td>备注</td><td colspan="2">GB/Z 26577—2011 大葱生产技术规范</td></tr>
</table>

3.6.2 细香葱

（1）品种及产地

鼓雷小葱、六和小葱、日本四季小葱，产地：山东地区。

（2）收贮运环节管理要点

<table>
<tr><th>项目</th><th colspan="3">内容</th></tr>
<tr><td rowspan="4">采收环节</td><td rowspan="3">采收期</td><td>鼓雷小葱</td><td>3—7 月</td></tr>
<tr><td>六和小葱</td><td>9 月至翌年 1 月</td></tr>
<tr><td>日本四季小葱</td><td>可以四季栽培、收获</td></tr>
<tr><td>采收要点</td><td colspan="2">采收前 10 天禁止使用农药，收获时先浇水，然后小心采收、清洗、分级</td></tr>
<tr><td rowspan="2">贮藏环节
（贮藏方法）</td><td>冷藏保鲜</td><td colspan="2">贮藏要点：小葱要求除去根须和部分葱叶，用保鲜袋包装好，可装在纸箱内，置于 0~1℃、相对湿度 90% 的条件下，能保鲜 1~2 月
贮藏温度：0~1℃
贮藏时间：1~2 月</td></tr>
<tr><td>速冻贮藏</td><td colspan="2">贮藏要点：香葱经过清理、清洗、切段、烫煮、冷却、快速冻结、包装、贮存等工序，将冻结的葱用薄膜食品袋包装好，放大纸箱内，贮存在-18℃以下的冷库内
贮藏温度：-18℃以下
贮藏时间：12 个月</td></tr>
<tr><td rowspan="2">环节</td><td>短途运输</td><td colspan="2">运输方式：公路运输
运输温度：0~4℃
运输要点：将细香葱预冷至 0~4℃，装入透明塑料袋，封口，装入保温车，运输期限不超过 24h</td></tr>
<tr><td>长途运输</td><td colspan="2">运输方式：公路运输
运输温度：0~3℃
运输要点：相对湿度 85%~90%，保持空气流通</td></tr>
</table>

（续表）

项目	内容
易引发收贮运质量安全问题的生理特性	鲜小葱脆嫩水分大，收贮运环节容易发生腐烂、变质
目前的收贮运技术是否可以满足产业需求？	否
收贮运环节主要问题	收贮运环节最主要的问题：腐烂、非法使用“三剂”
建议	标准制修订建议：建议尽快制定“小葱鲜品加工和贮运技术规范”国家标准 优先评估建议：杀虫剂、致病菌 研究建议：加强对环保型保鲜方法的推广及新型保鲜方法的研究
备注	DB34/T 861—2008 无公害食品　香葱生产技术规程

3.6.3 洋葱

(1) 品种及产地

红皮洋葱、黄皮洋葱，产地：山东地区。

(2) 收贮运环节管理要点

项目	内容	
采收环节	采收期	5—7 月
	采收要点	洋葱采收后要在田间晾晒 2~3 天
贮藏环节 (贮藏方法)	方法 1 挂藏法	贮藏要点：小葱要求除去根须和部分葱叶，用保鲜袋包装好，可装在纸箱内，置于 0~1℃、相对湿度 90%的条件下，能保鲜 1~2 个月 贮藏温度：0~1℃ 贮藏时间：1~2 个月
	方法 2 垛藏法	贮藏要点：在地面垫枕木铺秸秆，纵横交错码放葱辫，码成长方形垛。一般垛长 5~6m，宽 1.5~2m，高 1.5m，每垛5 000kg 左右。垛顶覆盖 3~4 层席子或加一层油毡，四周围上 2 层席子，用绳子横竖绑紧，用泥封严洋葱垛。贮藏到 10 月以后，视气温情况，加盖草帘防冻，寒冷地区应转入库内贮藏 贮藏温度：自然温度 贮藏时间：8~10 个月
	方法 3 冷库贮藏	贮藏要点：在 8 月中下旬洋葱出休眠期之前入库贮藏。筐装码垛或架藏，或装入编织袋内架贮或码垛贮藏。维持 0℃左右的温度 贮藏温度：0℃左右 贮藏时间：6~8 个月
	方法 4 气调贮藏	贮藏要点：在洋葱出休眠期之前 10 天左右，将洋葱装筐在通风窖或阴棚下码垛，用塑料薄膜账封闭，每垛 500~1 000kg，维持3%~6%氧和 8%~12%的二氧化碳，抑芽效果明显。如在冷库内气调贮藏，并将温度控制在-1~0℃，贮藏效果更好 贮藏温度：-1~0℃或自然温度 贮藏时间：6~7 个月

（续表）

<table>
<tr><th>项目</th><th colspan="2">内容</th></tr>
<tr><td rowspan="2">运输环节</td><td>短途运输</td><td>运输方式：公路运输
运输温度：0~4℃
运输要点：将洋葱预冷至0~4℃，装入透明塑料袋，封口，装入保温车，运输期限不超过24h</td></tr>
<tr><td>长途运输</td><td>运输方式：公路运输
运输温度：0~3℃
运输要点：相对湿度85%~90%，保持空气流通</td></tr>
<tr><td>易引发收贮运质量安全问题的生理特性</td><td colspan="2">洋葱含水量大，容易烂根、烂心，失去商品价值</td></tr>
<tr><td>目前的收贮运技术是否可以满足产业需求？</td><td colspan="2">否</td></tr>
<tr><td>收贮运环节主要问题</td><td colspan="2">收贮运环节最主要的问题：腐烂、非法使用“三剂”</td></tr>
<tr><td>建议</td><td colspan="2">优先评估建议：抑芽药剂、杀虫剂、杀菌剂
研究建议：加强对环保型贮藏保鲜方法的推广及新型贮藏保鲜方法的研究</td></tr>
<tr><td>备注</td><td colspan="2">GB/T 25869—2010 洋葱　贮藏指南</td></tr>
</table>

3.6.4 蒜

(1) 品种及产地

白皮大蒜、紫皮大蒜，产地：山东地区。

(2) 收贮运环节管理要点

项目	内容	
采收环节	采收期	5月下旬至6月中旬
	采收要点	采收期是在蒜薹收后15~20天为宜。采收前喷洒青鲜素MH抑芽剂
贮藏环节（贮藏方法）	方法1 干藏法	贮藏要点：收获后的大蒜，先在田间暴晒2~4天，每30~60个蒜头编成一组，挂在通风良好的屋檐下或其他地方贮存 贮藏温度：自然温度 贮藏时间：可贮藏3个月
	方法2 冷库贮藏	贮藏要点：大蒜去除根须、茎叶，留1~1.5cm的假茎，进行挑选分级，去除机械伤和病虫害的蒜头，然后装箱、装筐、网袋或按出口要求等进行包装入冷库 贮藏温度：-2~-1℃ 贮藏时间：1年
	方法3 气调贮藏	贮藏要点：大蒜在气调贮藏中，采用塑料袋、硅胶袋包装，或使用塑料大帐，运用自然降氧或气调机进行调气。控制氧气为3.5%~5.5%，二氧化碳控制在12%~16%鲜藏效益较好 贮藏温度：-4~-1℃ 贮藏时间：2年
运输环节	短途运输	运输方式：公路运输 运输温度：0~4℃ 运输要点：将蒜预冷至0~4℃，装入透明塑料袋，封口，装入保温车，运输期限不超过24h
	长途运输	运输方式：公路运输 运输温度：0~3℃ 运输要点：相对湿度85%~90%，保持空气流通

（续表）

项目	内容
易引发收贮运质量安全问题的生理特性	蒜贮藏过程中发芽产生营养转移、流失
目前的收贮运技术是否可以满足产业需求？	是
收贮运环节主要问题	收贮运环节最主要的问题：腐烂、非法使用“三剂”
建议	优先评估建议：抑芽药剂、杀虫剂、杀菌剂 研究建议：加强对环保型贮藏保鲜方法的推广及新型贮藏保鲜方法的研究
备注	GB/T 24700—2010 大蒜冷藏；GB/Z 26578—2011 大蒜生产技术规范

3.6.5 蒜薹

（1）品种及产地

白蒜，产地：山东蒜薹。

（2）收贮运环节管理要点

项目	内容	
采收环节	采收期	5月中旬至6月初
	采收要点	无
贮藏环节（贮藏方法）	使用保鲜剂+冷库贮藏	贮藏要点：入库前浸蘸咪鲜胺等杀菌剂，晾干后，码放在冷库货架上保藏 贮藏温度：0℃ 贮藏时间：6月至翌年3月
运输环节	短途运输	运输方式：公路运输 运输温度：0~5℃ 运输要点：将蒜薹菜顶预冷至0~5℃，装入透明塑料袋，装箱封口，装入保温车，运输期限不超过24h
	长途运输	运输方式：公路运输 运输温度：0~3℃ 运输要点：相对湿度85%~90%，保持空气流通
易引发收贮运质量安全问题的生理特性	蒜薹成熟过程中发生营养转移，以及贮藏期易受病原微生物污染腐烂	
目前的收贮运技术是否可以满足产业需求？	是	
是否会引发三剂的超量或超范围使用？如是，请列出	不合理使用咪鲜胺、腐霉利和抑霉唑杀菌剂	
建议	监管建议：严厉禁止乱用杀菌剂 研究建议：尽快研究咪鲜胺作为保鲜剂在蒜薹上的合法性	

3.7 茄果类蔬菜

3.7.1 尖椒

（1）品种及产地

牛角椒，产地：福建、山东、山西、内蒙古、吉林、黑龙江等，其他地区小面积种植；羊角椒，主产地：河北省鸡泽县，全国各地都有种植；线辣椒，产地：山西等中西部省区规模化种植。

（2）收贮运环节管理要点

项目	内容		
采收环节	采收期	牛角椒	6 月中旬开始采收，采取边生长边采收
		羊角椒	6 月开始采收，作为干制的需全红采收
		线辣椒	线辣椒作为干制的主要品种，10 月采收
	采收要点	留作干制辣椒的在采收前喷洒落叶催红素，快速催红	
贮藏环节（贮藏方法）	贮藏方法 1 埋藏	贮藏要点：贮藏时，先在箱（筐）底铺垫 3 锄厚的泥沙，然后将选好的辣椒装入箱（筐）中，一层辣椒一层泥沙，向上装至离箱（筐）口 5~7cm，再覆盖泥沙密封即可。一般木箱容量以 10kg 为宜，箩筐不超过 15kg，堆装方法采用骑马叠堆，高度一般以 4~5 层为好。埋藏还可在室内地面上用砖围成长 2~3m、宽 1m、高 0.6~0.9m 的空间，然后逐层堆码，在最高层覆盖 3cm 左右泥（沙）密封，每堆容量在 250kg 左右。为防湿度过大引起果实发热变质，可在堆内设若干空气筒，埋藏用的泥（沙）应稍湿 贮藏时间：50~60 天	
	方法 2 窖藏	贮藏要点： ①窖藏时采用筐贮：将挑选好的辣椒放在筐中。筐内垫纸或薄包，装后加盖。将筐堆垛 ②架贮：在窖内作成 1~2m 高的架子，分成 3 层。将辣椒平铺在架上 ③散藏：在地面铺上稻草，上放辣椒 30cm 厚，堆成一长条，上盖草苫子。窖内的蒲包、草苫子等均应保持湿润，并保持窖温 7~9℃每 15 天可检查 1 次 贮藏温度：9~12℃、湿度 90%~95% 贮藏时间：短期贮藏	

（续表）

项目	内容	
贮藏环节（贮藏方法）	方法3 保鲜库贮藏法	贮藏要点： ①大帐贮藏，将预冷好的辣椒装入消过毒的箱内，每箱5~10kg装。将装好箱的辣椒放入架上，在上架前将备好的2.3~3mm透气性好的塑料膜将架底铺好，辣椒上架冷透后要迅速扣帐密封，封帐后应在帐的四周开几个8~10cm的小窗，便于在管理中及时通风补氧，降低二氧化碳浓度。一般贮藏前期15~20天补氧一次，后期7~10天补氧一次（每次补氧5~10min）。为防止下部二氧化碳积聚，引起伤害，可在帐内撒一些消石灰，来吸收多余的二氧化碳 ②小包装平架贮藏，将预冷好的辣椒装入箱内，每箱不超过5kg，把透气性好的保鲜袋套在箱子的外围，注意装箱易少不易多，过多会引起二氧化碳积聚，造成腐烂。码垛时，垛与垛之间要留5~10cm的空隙，库顶要留50~70cm，架底要撒一层消石灰。在贮藏时最好使用辣椒防腐剂，严格把关，可贮60~70天
运输环节	短途运输	运输方式：公路运输 运输温度：8~12℃ 运输要点：尖椒采摘后预冻、包装，切忌无包装裸露运输，运输温度控制在8~12℃，湿度控制在90%~95%
	长途运输	运输方式：公路运输 运输温度：8~10℃ 运输要点：相对湿度90%~95%，保持空气流通，注意二氧化碳浓度不要超过2%
易引发收贮运质量安全问题的生理特性	鲜食牛角椒：贮运前期腐烂主要表现在果肉部分，后期腐烂则由果梗受侵染程度决定，故果梗的腐烂程度直接决定鲜椒的腐烂 制干辣椒：贮运期间的安全问题主要是虫害以及干制时熏硫或者甲醛浸泡等	
产地初加工	采收后果柄剪口处注意杀菌消毒，否则会引起贮运期间的病害	
目前的收贮运技术是否可以满足产业需求?	否	
收贮运环节主要问题	收贮运环节最主要的问题：腐烂、非法使用“三剂”	

3.7.2 甜椒

（1）品种及产地

中椒5号，产地：广东、广西、云南、北京、河北、山东、江苏和浙江等地，华南地区南菜北运主栽品种；中椒7号，产地：北京、天津、河北、山东、山西、辽宁等地，广东和海南种植，适于南菜北运；中椒8号，产地：适于我国北方栽培，也可在广东、海南、福建等地冬季栽培；湘椒10号，产地：湖南省各地种植；牟农1号，产地：河南、河北、内蒙古等地；荷椒13，产地：山西、山东、内蒙古、吉林和黑龙江等地。

（2）收贮运环节管理要点

项目	内容		
采收环节	采收期	中椒5号	北方：5—6月；华南反季节种植：10—11月
		中椒7号	京津地区：4—5月；广东、海南：10—11月
		中椒8号	华北：5—7月
		湘椒10号	8—11月
		牟农1号	5—7月
		荷椒13	5—11月
	采收要点	采收前10~15天，喷洒10%乙膦铝可湿性粉剂200倍液或70%代森锰锌400倍液等，以减少田间病原菌的密度和数量；采收前3~5天停止灌水，保证果实质量；入贮前用0.1%的漂白粉溶液或者1 000mg/L的噻菌灵药液浸果3~5min，浸后晾干	
贮藏环节（贮藏方法）	方法1 窖藏	贮藏要点：窖应有完整的通风结构，根据季节和昼夜温差，把握好通风时间和通风量，调控好适宜的温度和湿度 贮藏时间：短时贮藏	
	方法2 冷藏	贮藏要点：装箱分层堆放，或装塑料袋，然后连带装箱再分层堆码 贮藏温度：9~11℃ 贮藏时间：长期贮藏	
	方法3 气调保藏	贮藏要点：控制好氧和二氧化碳的比例，氧浓度3%~6%，二氧化碳2%左右，入库前温度降到10℃ 贮藏时间：长期贮藏	

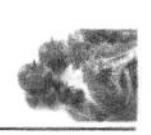

（续表）

项目	内容	
贮藏环节（贮藏方法）	方法4 室内铺草贮藏	贮藏要点：在室内地上铺一层厚约10cm的稻草，放上甜椒，厚33cm，堆成长方形，上面和四周盖上稻草，厚约13cm。贮藏期间每10天翻动检查1次 贮藏时间：长期贮藏
	方法5 埋藏	贮藏要点：先在箱或筐底铺约3cm厚的泥（沙）。然后将选好的甜椒经过消毒处理，晾干后装入木箱（筐）内。一层甜椒一层泥（沙）。向上装至离箱（筐）口5~7cm处，再盖泥（沙）密封即可。为防止温度过大而引起果实发热变质，可在堆内设置若干空气筒，以利通风散热，降低堆内温度。埋藏用的泥（沙）应稍微潮湿。以手握不成团为宜 贮藏时间：长期贮藏
	方法6 灰藏	贮藏要点：选择无腐烂甜椒，在贮藏池中，一层煤渣灰一层甜椒，最上一层厚煤渣灰，盖住甜椒最佳，贮藏期间，要不定期喷洒清水，使煤渣灰处于湿润状态 贮藏时间：长期贮藏
运输环节	短途运输	运输方式：公路运输 运输温度：8~12℃ 运输要点：采收后及时预冷，在8~10℃、相对湿度85%~90%的冷库中预冷8~12h后保温运输。运输中注意防冻、防雨淋、防晒和通风散热
	长途运输	运输方式：公路运输 运输温度：7~9℃ 运输要点：相对湿度90%~95%，保持空气流通
易引发收贮运质量安全问题的生理特性	甜椒果实内部中空，易失水萎蔫，果实变软、皱缩，运输时对湿度要求高；运输中温度低于8℃时甜椒会发生冷害，造成甜椒萼片和种子变褐色，果面出现凹陷小斑点，易腐烂；贮运时，甜椒由于呼吸作用释放二氧化碳，增加甜椒的腐烂比率	
产地初加工	挑选整修	初加工要点：剔除有病虫害有伤的果实，剪刀将果柄剪平，再用克霉灵或3%噻唑灵烟熏蒸处理
	分级	初加工要点：按照甜椒的大小进行分级
	预冷	初加工要点：入库或者运输前必须预冷，达到温度要求后方可入库或运输
目前的收贮运技术是否可以满足产业需求？	否	
收贮运环节主要问题	收贮运环节最主要的问题：腐烂、非法使用“三剂”	

3.7.3 朝天椒

（1）品种及产地

三樱椒，产地：全国都有种植，主产区为河南；子弹头，产地：我国大部分地区都有栽培，河南、河北栽培面积较大，贵州、山西、陕西、天津、安徽、山东、内蒙古次之，四川、湖南等省市也有栽培。

（2）收贮运环节管理要点

<table>
<tr><th>项目</th><th colspan="3">内容</th></tr>
<tr><td rowspan="4">采收环节</td><td rowspan="3">采收期</td><td>三樱椒</td><td>寒露至霜降期间</td></tr>
<tr><td>子弹头</td><td>9 月开始采收</td></tr>
<tr><td>圆锥椒</td><td>8 月下旬成熟开始采收</td></tr>
<tr><td>采收要点</td><td colspan="2">辣椒当天采摘，保持蒂部青绿色。收获后把辣椒秧平放在田间晾晒 3~4 天，在晾晒过程中如遇到降雨，要继续晾晒 1~2 天后运输</td></tr>
<tr><td rowspan="4">贮藏环节
（贮藏方法）</td><td>方法 1
冷藏
（鲜椒）</td><td colspan="2">贮藏要点：贮藏温度适宜，太低可导致冷害发生
贮藏温度：10~12℃
贮藏时间：不超过 7 天</td></tr>
<tr><td>方法 2
窖藏
（鲜椒）</td><td colspan="2">贮藏要点：窖应有完整的通风结构，根据季节和昼夜温差，把握好通风时间和通风量，调控好适宜的温度和湿度
贮藏时间：短时贮藏</td></tr>
<tr><td>方法 3
气调保藏
（鲜椒）</td><td colspan="2">贮藏要点：控制好氧和二氧化碳的比例，氧浓度 3%~6%，二氧化碳 2%左右，入库前温度降到 10℃
贮藏温度：8~12℃
贮藏时间：长期贮藏</td></tr>
<tr><td>方法 4
埋藏
（鲜椒）</td><td colspan="2">贮藏要点：先在箱或筐底铺约 3cm 厚的泥（沙）。然后将选好的甜椒经过消毒处理，晾干后装入木箱（筐）内。一层甜椒一层泥（沙）。向上装至离箱（筐）口 5~7cm 处，再盖泥（沙）密封即可。为防止温度过大而引起果实发热变质，可在堆内设置若干空气筒，以利通风散热，降低堆内温度。埋藏用的泥（沙）应稍微潮湿。以手握不成团为宜
贮藏时间：长期贮藏</td></tr>
</table>

（续表）

项目	内容	
运输环节	短途运输	运输方式：公路运输 运输要点：辣椒采摘后直接运输至干制加工点进行干制
	长途运输	运输方式：公路运输 运输要点：辣椒采收后进行预冷处理，运输过程中的温度控制在 8～12℃，湿度在 85%～95%
易引发收贮运质量安全问题的生理特性	含水量高，易发生低温伤害，采后极易腐烂和败坏，易感染病毒	
产地初加工	初加工方法：预冷 初加工要点：入库或者运输前必须预冷，达到温度要求后方可入库或运输	
目前的收贮运技术是否可以满足产业需求？	否	
收贮运环节主要问题	运输中温度湿度的不适宜或者机械损伤导致的腐烂，不及时通风换气，二氧化碳浓度过高造成的损害	

3.7.4 番茄

（1）品种及产地

春茬番茄、秋茬番茄。产地：在东北、西北及华北北部寒冷地区，无霜期短，一年只种一茬；在长江中下游地区，无霜期很长，一年可种两茬；华北南部如河北、山东、河南、山西、陕西等，无霜期较长的地区一年可种两茬。

（2）收贮运环节管理要点

<table>
<tr><th>项目</th><th colspan="3">内容</th></tr>
<tr><td rowspan="3">采收环节</td><td rowspan="2">采收期</td><td>春茬番茄</td><td>5 月中下旬采收</td></tr>
<tr><td>秋茬番茄</td><td>10 月上旬采收</td></tr>
<tr><td>采收要点</td><td colspan="2">采收前 7~10 天，田间喷一次 25%多灵菌（杀菌剂）可湿性粉剂加乙膦铝可湿性粉剂 250 倍处理，经此处理后的番茄在贮藏期间可降低病害发生率 38%左右。雨后初期不宜立即采果，否则贮藏前易造成果实腐烂</td></tr>
<tr><td rowspan="4">贮藏环节
（贮藏方法）</td><td>方法 1
土窖贮藏</td><td colspan="2">贮藏要点：入窖前，去除不合格果实，装箱时不要过厚，一般 4~5 层即可。码垛前，在窖低铺上一层 10~15cm 的枕木
贮藏温度：窖内温度
贮藏时间：7~10 天检查一次</td></tr>
<tr><td>方法 2
架藏</td><td colspan="2">贮藏要点：用角铁、竹板做成菜架，架上铺上柔软衬垫物，然后进行消毒。一般架上码 4~5 层即可
贮藏温度：
贮藏时间：定期观察</td></tr>
<tr><td>方法 3
冷库贮藏</td><td colspan="2">贮藏要点：夏季高温季节宜采用冷藏贮藏
贮藏温度：绿熟果 12~13℃，红熟果 1~2℃
贮藏时间：30~45 天</td></tr>
<tr><td>方法 4
气调贮藏</td><td colspan="2">贮藏要点：贮藏环境中保证 2%~4%的氧和 3%~6%的一氧化碳
贮藏温度：10~13℃
贮藏时间：定期观察</td></tr>
</table>

（续表）

项目	内容	
运输环节	短途运输	运输方式：公路运输 运输要点：保持空气畅通
	长途运输	运输方式：公路运输 运输要点：保持空气畅通
易引发收贮运质量安全问题的生理特性	番茄属于呼吸跃变型浆果，含水量高。采摘后依然进行呼吸作用，导致果实后熟衰老	
产地初加工	初加工方法：打浆成汁初加工要点为控制微生物污染问题	
目前的收贮运技术是否可以满足产业需求？	具体问题具体分析	
收贮运环节主要问题	青番茄中龙葵碱含量高，易引起中毒	
建议	监管建议：合理、正确的使用三剂 研究建议：加强对环保型保鲜方法的推广及新型保鲜方法的研究，如恒温保鲜或冷链物流	
备注	技术规范：NY/T 270—1995 绿色食品　番茄；NY/T 1651—2008 蔬菜及制品中番茄红素的测定　高效液相色谱法	

3.7.5 茄子

（1）品种及产地

春茄、秋茄。产地：在自然条件下，长江以南无霜地区可以一年四季生产，北方地区只能在无霜季节栽培，每年7—9月采收；采用日光温室、塑料棚、地膜等技术，目前已实现了全年供应。

（2）收贮运环节管理要点

<table>
<tr><th>项目</th><th colspan="3">内容</th></tr>
<tr><td rowspan="3">采收环节</td><td rowspan="2">采收期</td><td>春茄</td><td>全年</td></tr>
<tr><td>秋茄</td><td>全年</td></tr>
<tr><td>采收要点</td><td colspan="2">在早晨或傍晚气温较低时采收。采收后每个果实都包一层纸或装入塑料袋里，然后把茄子头对头、尾对尾地层层摆放好。贮藏前可用100～150mg/L防落素或2,4-D浸渍果梗，有防止脱落的作用。用苯甲酸液洗果，减少果实腐烂</td></tr>
<tr><td rowspan="4">贮藏环节
（贮藏方法）</td><td>方法1
地窖贮藏</td><td colspan="2">贮藏要点：茄子果实入窖前，先在窖底部铺一层干沙调节内部湿度。然后在窖内由里向外堆码放茄子，须在两码之间留出一定余地，以便进出，进行管理
贮藏温度：如果温度过低，应加厚土层，堵严通风筒；如温度过高，可打开通风筒
贮藏时间：40～60天</td></tr>
<tr><td>方法2
地沟贮藏</td><td colspan="2">贮藏要点：选择地势高，排水好的地方沿东西向挖一条宽1m，长3m，深1.2m的沟。沟的东西两端分别留一个通气孔。其中一端留出口，顶部用玉米秸覆盖，其上再覆盖约12cm厚的土
贮藏温度：随温度的下降，在沟的顶部加土保温，并堵塞气孔；若温度过高，则打开气孔调节降温
贮藏时间：40～50天</td></tr>
<tr><td>方法3
冷库贮藏</td><td colspan="2">贮藏要点：茄子采收后装在筐中，置于12～16℃条件下预冷12～24h，然后放在12～13℃通风库中贮藏。为了控制失水，除保持库房相对湿度在90%以上，还可采用单果包装方法，即用高密度聚乙烯袋将选好的果实放入袋内，每袋装入1～2kg为宜，封袋，保水效果好，同时还有一定的气调作用
贮藏温度：12～13℃
贮藏时间：4周左右</td></tr>
<tr><td>方法4
气调贮藏</td><td colspan="2">贮藏要点：在库房里码成垛，用塑料帐密封，帐内氧气浓度调节为2%～5%，二氧化碳浓度为5%
贮藏温度：20～25℃
贮藏时间：1个月左右</td></tr>
</table>

（续表）

<table>
<tr><th>项目</th><th colspan="2">内容</th></tr>
<tr><td rowspan="2">运输环节</td><td>短途运输</td><td>运输方式：公路运输
运输要点：保持空气畅通</td></tr>
<tr><td>长途运输</td><td>运输方式：公路运输
运输要点：保持空气畅通</td></tr>
<tr><td>易引发收贮运质量安全问题的生理特性</td><td colspan="2">茄子果梗易腐烂，并与果实脱离，果实表面易长斑，造成全果腐烂，主要表现为褐纹病和绵疫病等</td></tr>
<tr><td>目前的收贮运技术是否可以满足产业需求？</td><td colspan="2">否</td></tr>
<tr><td>收贮运环节主要问题</td><td colspan="2">茄子果梗连同萼片干腐或湿腐，并能蔓延到果实，或与果实脱落；果实表面出现各种病斑，不断扩大直至全果腐烂，主要由褐纹病、绵疫病等引起；出现冷害症状，果面出现水渍状或脱色的凹陷斑块，内部种子和胎座薄壁组织变褐，这种凹陷斑块在湿度大的条件下较多，而相对湿度较低时相对较少</td></tr>
<tr><td>建议</td><td colspan="2">监管建议：严厉禁止在茄子贮运过程中过量使用农药。茄果类蔬菜中普遍含有龙葵碱，过量易引起中毒
研究建议：加强对环保型保鲜方法的推广及新型保鲜方法的研究，如恒温保鲜或冷链物流</td></tr>
<tr><td>备注</td><td colspan="2">技术规范：NY/T 581—2002 茄子；农办质 4 号—2015 农业部办公厅关于印发茄果蔬菜等 58 类无公害农产品检测目录的通知</td></tr>
</table>

3.7.6 圣女果

（1）品种及产地

春番茄、秋番茄。产地：圣女果在温带是作为一年生蔬菜栽培的，在我国南北方均可栽培；樱桃番茄栽培方式主要是夏季露地栽培，随着采光保温技术及配套技术日趋完善，部分地区已实现周年生产。

（2）收贮运环节管理要点

项目	内容		
采收环节	采收期	春番茄	5月下旬至7月下旬采收
		秋番茄	9月下旬至下霜前采收
	采收要点	采前喷施药剂，保鲜药剂种类主要有：杀菌剂、抗性诱导剂、保鲜剂等	
贮藏环节（贮藏方法）	方法1 土窖贮藏	贮藏要点：入窖前，去除不合格果实，装箱时不要过厚，一般4~5层即可。码垛前，在窖底铺上一层10~15cm的枕木 贮藏温度：窖内温度 贮藏时间：7~10天检查一次	
	方法2 气调贮藏	贮藏要点：在贮藏前要将贮藏场所消毒，并调到适宜温度，在贮藏场所内先铺上一层塑料薄膜，上面放上枕木。适宜贮藏的氧气和二氧化碳浓度均为2%~5% 贮藏温度：10~13℃ 贮藏时间：定期观察	
	方法3 冷库贮藏	贮藏要点：夏季高温季节宜采用冷藏贮藏 贮藏温度：绿熟果12~13℃，红熟果1~2℃ 贮藏时间：30~45天	
	方法4 气调贮藏	贮藏要点：将自己制备的涂料或直接购买的液体直接涂抹或浸番茄整果，干燥后形成一层无色的防腐膜，起到保鲜作用 贮藏温度：10~13℃ 贮藏时间：定期观察	

（续表）

<table>
<tr><th>项目</th><th colspan="2">内容</th></tr>
<tr><td rowspan="2">运输环节</td><td>短途运输</td><td>运输方式：公路运输
运输温度：0~5℃
运输要点：保持空气畅通</td></tr>
<tr><td>长途运输</td><td>运输方式：公路运输
运输温度：0~5℃
运输要点：保持空气畅通</td></tr>
<tr><td>易引发收贮运质量安全问题的生理特性</td><td colspan="2">圣女果属于呼吸跃变型果实，水分较多，其在贮藏、运输和销售等环节中容易出现失水萎蔫，褐变并腐烂</td></tr>
<tr><td>目前的收贮运技术是否可以满足产业需求？</td><td colspan="2">否</td></tr>
<tr><td>收贮运环节主要问题</td><td colspan="2">收贮运环节中容易出现失水萎蔫，褐变并腐烂</td></tr>
<tr><td>建议</td><td colspan="2">研究建议：对田间施药或采后施药后的农药残留安全的研究有待加强</td></tr>
<tr><td>备注</td><td colspan="2">GB 2763—2014 食品安全国家标准　食品中农药最大残留限量</td></tr>
</table>

3.8 薯芋类蔬菜

3.8.1 生姜

（1）品种及产地

大姜、竹根姜，产地：山东地区。

（2）收贮运环节管理要点

项目	内容		
采收环节	采收期	大姜、竹根姜	霜降前后，10月底至11月初
	采收要点	采收后选取无伤口块姜，带泥土入窖贮藏	
贮藏环节 （贮藏方法）	方法1 窖藏（使用最多方式）	贮藏要点：生姜入窖后整齐排放，阿维菌素、辛硫磷、多菌灵等防腐保鲜剂与沙土混匀后覆盖在排放好的生姜上，然后喷施氯氰菊酯、胺菊酯等气雾剂，密封姜窖贮藏 贮藏温度：13~16℃，湿度90%~95% 贮藏时间：可达一年以上	
	方法2 窖藏	贮藏要点：生姜收获后用多菌灵、代森锰锌溶液浸泡或喷洒，晾干后入窖，覆盖沙土 贮藏温度：13~16℃，湿度90%~95% 贮藏时间：半年	
	方法3 堆藏	贮藏要点：仓库密封性要好，生姜整齐堆放，覆盖草垫 贮藏温度：18~20℃ 贮藏时间：3个月	
	方法4 冷库贮藏	贮藏要点：生姜洗去泥土后入库，在货架上整齐排放 贮藏温度：13~16℃，湿度90%~95% 贮藏时间：半年	

（续表）

项目	内容	
运输环节	短途运输	运输方式：公路运输 运输温度：常温 运输要点：生姜洗净泥土后直接运输
	长途运输	运输方式：公路运输 运输温度：常温 运输要点：生姜洗净泥土后，装入透明塑料袋，封口，直接运输
易引发收贮运质量安全问题的生理特性	生姜贮藏期长，贮藏环境密闭，易腐烂	
产地初加工	初加工方法：清洗（洗姜） 初加工要点：生姜出窖后进入批发市场前，需先在洗姜厂清洗掉附着在姜块上的泥沙。有专用洗姜设备，清水冲洗	
目前的收贮运技术是否可以满足产业需求？	是	
收贮运环节主要问题	市售生姜贮藏防腐保鲜剂混乱，禁限用农药频现，无使用规程	
建议	优先评估建议：毒死蜱、阿维菌素、多菌灵、辛硫磷四种最常用药剂在生姜贮藏期的安全性评估 监管建议：加强禁限用农药在生姜上使用的监管力度 其他建议：先行制定生姜贮藏环节低毒低残留易降解防腐保鲜剂使用规范	
备注	—	

3.8.2 马铃薯

（1）品种及产地

早熟，产地：长江中、下游及华北平原地区；中熟，产地：东北、西北及西南山区；晚熟，产地：东北、西北及西南山区。

（2）收贮运环节管理要点

<table>
<tr><th>项目</th><th colspan="3">内容</th></tr>
<tr><td rowspan="4">采收环节</td><td rowspan="3">采收期</td><td>早熟</td><td>5 月</td></tr>
<tr><td>中熟</td><td>7—8 月</td></tr>
<tr><td>晚熟</td><td>10—11 月</td></tr>
<tr><td>采收要点</td><td colspan="2">用 50%的多菌灵可湿性粉剂 800 倍或者 72%的农用硫酸链霉素可湿性粉剂1 000倍喷湿薯块。仓库或窖要清理消毒，通风换气，使窖的湿气排除，温度下降，对要入库的马铃薯先晾晒，在库外渡过后熟期</td></tr>
<tr><td rowspan="3">贮藏环节
（贮藏方法）</td><td>方法 1
棚窖</td><td colspan="2">贮藏要点：窖内消毒、严格挑选薯块、制薯堆高度、严格控制温度湿度、通风换气、加覆盖物散湿
贮藏时间：短时贮藏</td></tr>
<tr><td>方法 2
永久式砖窖</td><td colspan="2">贮藏要点：同方法 1</td></tr>
<tr><td>方法 3
大型马铃薯贮藏窖</td><td colspan="2">贮藏要点：窖内消毒、严格挑选薯块、制薯堆高度、严格控制温度湿度、通风换气、加覆盖物散湿</td></tr>
<tr><td rowspan="2">运输环节</td><td>短途运输</td><td colspan="2">运输方式：公路运输
运输温度：0~10℃
运输要点：先装运种薯后装运商品薯，并分开存放，防止混杂。轻装轻卸，避免薯皮大量擦伤或碰伤。运输和装卸中避免阳光直射和雨淋。不能长时间封闭运输，要注意通风，以免缺氧造成二氧化碳中毒而黑心腐烂</td></tr>
<tr><td>长途运输</td><td colspan="2">运输方式：公路运输
运输温度：0~4℃
运输要点：同短途运输</td></tr>
</table>

（续表）

项目	内容
易引发收贮运质量安全问题的生理特性	马铃薯易发芽，发芽过程内部发生生理代谢和生物变化，营养物质和水分会供芽体的生长，同时产生对人畜有毒害的龙葵素
产地初加工	无
目前的收贮运技术是否可以满足产业需求？	否
收贮运环节主要问题	运输过程中易发芽腐烂缩水现象
建议	研究建议：加强对环保型保鲜方法的推广及新型保鲜方法的研究，防止马铃薯在运输过程的发芽腐烂
备注	技术规范：GB/T 25868—2010 早熟马铃薯　预冷和冷藏运输指南；SB/T 10968—2013 加工用马铃薯流通规范

3.9 多年生蔬菜

3.9.1 竹笋

（1）品种及产地

毛竹笋，产地：浙江省；鞭笋、马蹄笋，产地：浙江省；大叶麻竹笋、方竹笋，产地：重庆、四川地区；四季笋、八月笋，产地：四川省。

（2）收贮运环节管理要点

<table>
<tr><th>项目</th><th colspan="3">内容</th></tr>
<tr><td rowspan="5">采收环节</td><td rowspan="4">采收期</td><td>毛竹笋</td><td>春季或冬季</td></tr>
<tr><td>鞭笋、马蹄笋</td><td>7、8月</td></tr>
<tr><td>大叶麻竹笋、方竹笋</td><td>8月</td></tr>
<tr><td>四季笋、八月笋</td><td>8月</td></tr>
<tr><td>采收要点</td><td colspan="2">割笋时，选择锋利的刀具，保证切面平整、无开裂、无破碎，采用堆放方法，减少水分散失</td></tr>
<tr><td rowspan="4">贮藏环节
（贮藏方法）</td><td>方法1
沙藏</td><td colspan="2">贮藏要点：在贮藏室或筐底部铺垫16cm左右的干净黄沙，黄沙含水量为60%~70%，鲜笋竖排，笋尖朝上，间隙用黄沙填埋，需要定期翻堆检查
贮藏温度：阴凉、通风
贮藏时间：冬笋等可贮藏30~50天</td></tr>
<tr><td>方法2
冷库贮藏</td><td colspan="2">贮藏要点：入库前，可用2.9%的福尔马林消毒，控制冷库湿度90%~95%。将竹笋入库，笋尖朝上放入柳条筐或塑料筐中，顺着冷库送风风向成行。冷藏期间避免搬运
贮藏温度：2~5℃
贮藏时间：全年</td></tr>
<tr><td>方法3
涂膜</td><td colspan="2">贮藏要点：1.5%壳聚糖混入1.0%对羟基苯甲酸乙酯制成涂膜剂，均匀涂于笋体切面及表面
贮藏温度：2~5℃
贮藏时间：短时间贮藏（25天左右）</td></tr>
<tr><td>方法4
气调</td><td colspan="2">贮藏要点：将鲜笋置于臭氧环境中，臭氧浓度为（3+0.5）mg/m^3，定期进行翻堆检查
贮藏温度：2~5℃
贮藏时间：45天左右</td></tr>
</table>

（续表）

<table>
<tr><th>项目</th><th colspan="2">内容</th></tr>
<tr><td rowspan="2">运输环节</td><td>短途运输</td><td rowspan="2">运输方式：公路运输
运输温度：0~5℃
运输要点：将鲜笋装入塑料或蛇皮袋中，封口，整齐码放于保温车内</td></tr>
<tr><td>长途运输</td></tr>
<tr><td>易引发收贮运质量安全问题的生理特性</td><td colspan="2">上市集中，采收期正值高温天气，鲜笋采收后，表面很快开始软化腐烂，水分流失，营养物质转化，笋体纤维化</td></tr>
<tr><td>产地初加工</td><td colspan="2">初加工方法：冷库预冷
初加工要点：鲜笋采收后直接进入冷库，冷库温度为2~5℃</td></tr>
<tr><td>目前的收贮运技术是否可以满足产业需求？</td><td colspan="2">是</td></tr>
<tr><td>收贮运环节主要问题</td><td colspan="2">无</td></tr>
<tr><td>建议</td><td colspan="2">其他建议：加强冷库建设，以物理方式进行贮藏</td></tr>
<tr><td>备注</td><td colspan="2">—</td></tr>
</table>

3.9.2 百合

（1）品种及产地

宜兰百合，产地：宜兴；兰州百合，产地：兰州；仓山百合，产地：大理；邵阳百合，产地：湖南。

（2）收贮运环节管理要点

项目	内容	
采收环节	采收期	秋季
	采收要点	采收时应在晴天掘起鳞茎，去根泥、茎秆，运回室内。用草覆盖，避免阳光照射
贮藏环节 （贮藏方法）	方法 1 气调贮藏	贮藏要点：塑料袋短期贮藏　封口后置阴凉处 贮藏温度：冬季贮藏温度不低于 0℃ 贮藏时间：50 天
	方法 2 窖藏	贮藏要点：窖内清除干净，铲除一层旧土，用硫磺熏蒸 1~2h 或喷洒杀菌剂消毒。将百合鲜鳞茎暴晒 6~8h，去掉土块，挑选生长良好、无病、无创伤的新鲜鳞茎小心放窖中。堆放厚度 70~90cm 为宜入窖后至 10 月底以前要敞口开窖（以便通风散热），11 月后，逐步封窖，到大雪前后封严窖口，经常入窖检查，发现异常情况及时处理 贮藏温度：冬季贮藏温度不低于 0℃
	方法 3 沙料埋藏法	贮藏要点：将通风良好的房屋打扫干净，备好含水量 35%~50%的湿沙。8~10cm 厚的湿沙垫底，再放上 10~15cm 厚的百合。一层沙一层百合，堆至 80~100cm，最后用 10~12cm 的湿沙盖。注意前期通风和后期保温。8—10 月开门窗散热，若发现表面沙层干燥，可喷洒少量水，12 月后保温防冻，室内温度不低于 0℃ 贮藏温度：冬季贮藏温度不低于 0℃
运输环节	短途运输	运输方式：公路运输 运输温度：0~5℃ 运输要点：刚采收的百合，在冷库中预冷装箱后，直接装入卡车中运输，20 天内上市出售即可。处于贮藏前期的百合从冷库中取出后，可直接装入卡车中运输处于贮藏后期的百合因耐贮性下降，冷库中取出后，宜采用保温车运输
	长途运输	

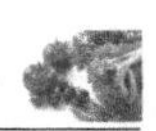

（续表）

项目	内容	
易引发收贮运质量安全问题的生理特性	百合鳞茎在贮藏期间极易受病菌侵染造成腐烂变质	
产地初加工	干制	初加工要点：收挖后的鲜百合剥下鳞茎片，洗净晾干。按重量、厚度、外中内层分级。然后清洗。将洗净的鳞片热烫 3min 用护色液或者硫处理护色，然后放入烘箱中烘烤
	分拣	初加工要点：鲜食百合要进行分拣、修整、预冷处理
目前的收贮运技术是否可以满足产业需求？	否	
收贮运环节主要问题	加工和运输过程中易发生百合褐变、腐烂变质	
建议	制定行业标准：百合贮运技术规范；百合干产品标准	
备注	技术规范：DB34/T 395—2004 无公害食用百合生产技术规程　百合贮藏病害及其防腐措施的研究；GB/T 28681—2012 百合、马蹄莲、唐菖蒲种球采后处理技术规程	

3.10 水生蔬菜

3.10.1 荸荠

（1）品种及产地

早水马蹄、伏水马蹄、晚水马蹄。产地：华南、华东地区等。

（2）收贮运环节管理要点

<table>
<tr><th>项目</th><th colspan="3">内容</th></tr>
<tr><td rowspan="4">采收环节</td><td rowspan="3">采收期</td><td>早水马蹄</td><td>10月、11月份</td></tr>
<tr><td>伏水马蹄</td><td>12月份</td></tr>
<tr><td>晚水马蹄</td><td>1月份</td></tr>
<tr><td>采收要点</td><td colspan="2">采收前10~15天放掉田水晾干，用叉挖取，先扒掉上层8~9cm泥土，将下层土扒开，用手捏出球茎</td></tr>
<tr><td rowspan="4">贮藏环节
（贮藏方法）</td><td>方法1
窖存法</td><td colspan="2">贮藏要点：挖长、宽各100cm，深80~100cm地窖，将荸荠铺入窖内，每放20~25cm荸荠撒上1~2cm干细土，层层堆积，距窖口20~25cm时其上铺干细土封口
贮藏时间：短期贮藏</td></tr>
<tr><td>方法2
堆藏法</td><td colspan="2">贮藏要点：在地上铺一层塑料薄膜，然后铺10cm清洁河沙，河沙上每堆放20~25cm荸荠时，铺河沙2cm，层层堆积，四周用草席围住，草席外用河泥涂抹，堆上覆盖泥沙覆盖
贮藏时间：短期贮藏</td></tr>
<tr><td>方法3
溶液法</td><td colspan="2">贮藏要点：荸荠清洗后浸入浓度为1%的次氯酸钠溶液贮藏，温度为0~2℃，湿度98%~100%贮藏环境
贮藏温度：0~2℃
贮藏时间：短期贮藏</td></tr>
<tr><td>方法4
冷藏保鲜</td><td colspan="2">贮藏要点：荸荠装在麻袋或竹篓内，篓底垫防水材料，放于冷库中，相对湿度保持在98%~100%，每隔5~10天在麻袋外喷水一次，保持湿度
贮藏温度：1~2℃
贮藏时间：短期贮藏</td></tr>
</table>

（续表）

项目	内容	
运输环节	短途运输	运输方式：公路运输 运输温度：0~5℃ 运输要点：运输作业轻装、轻卸，避免机械损伤，防日晒、雨淋，不宜裸露运输
	长途运输	
易引发收贮运质量安全问题的生理特性	荸荠皮薄、含水量高、极易失水萎缩和腐烂变质	
产地初加工	初加工方法：分级 初加工要点：清除霉烂、虫驻、损伤球茎，避免污染其他样品	
目前的收贮运技术是否可以满足产业需求？	否	
收贮运环节主要问题	为防止荸荠腐烂变质，部分商家会将其浸泡在焦亚硫酸钠、柠檬酸等保鲜剂中进行保险防腐，也有利用过氧化氢进行漂白	
建议	监管建议：禁止在荸荠收贮运过程中过量使用亚硫酸盐 研究建议：加强对环保型保鲜方法的推广及新型保鲜方法的研究	
备注	NY/T 1080—2006 荸荠；DB440100/T 33—2004 水马蹄（荸荠）；DB440100/T 34—2004 水马蹄（荸荠）生产技术规程	

3.10.2 茭白

（1）品种及产地

双季茭，产地：江苏、浙江、上海、安徽；单季茭，产地：江苏、浙江、上海、安徽、湖北、湖南、江西、云南。

（2）收贮运环节管理要点

项目	内容		
采收环节	采收期	双季茭	农历6月末和10月初
		单季茭	7、8月
	采收要点	采收时间应选在早晨6：00—8：00，最晚不超过10：00，需冷藏的茭白应采收壳茭，在薹管1~2cm处，用锋利的不锈钢刀将其割断，留叶鞘30~40cm，除去茭白草	
贮藏环节 （贮藏方法）	方法1 堆藏	贮藏要点：茭白外带2~3张保护壳，进仓库前将茭白及时在阴凉通风处摊晾，然后摊放在仓库地面上，最多叠放3~4层 贮藏温度：0℃以上 贮藏时间：短期贮藏	
	方法2 低温贮藏	贮藏要点：茭白肉质茎带壳，留薹管1~2节，抹干茭壳上的水珠，将茭白整齐地交叉装入蛇皮袋或透气性好的塑料袋中 贮藏温度：-1~1℃ 贮藏时间：夏秋季可贮藏2个月左右	
	方法3 气调贮藏	贮藏要点：茭白肉质基部留薹管1~2节，贮藏前基部在明矾粉中蘸一下，装入菜篮中，置于冷库内，菜篮外用0.12mm左右厚度的聚乙烯薄膜做成气调大帐，温度控制在0℃左右，帐内二氧化硫浓度为14%~16% 贮藏温度：0℃左右 贮藏时间：10月、11月	
	方法4 保鲜剂	贮藏要点：茭白采收预冷后，在专用保鲜剂中浸泡1min，捞出晾干，整齐地横放入专用保鲜袋内，定期对仓库进行通风、换气 贮藏温度：0~3℃ 贮藏时间：全年	

（续表）

项目	内容	
运输环节	短途运输	运输方式：公路运输 运输温度：0~5℃ 运输要点：车内相对湿度85%~95%，先将茭白预冷至0~5℃，再装入透明塑料袋，封口，在装入保温车，运输期限不超过7天
	长途运输	
易引发收贮运质量安全问题的生理特性	茭白含水量高，夏秋季采收后，易发生组织发糠、红变和腐烂，不耐贮运	
产地初加工	初加工方法：清洗、预冷 初加工要点：将茭白放入清水池中清洗除田间泥土等杂质，采收后在1℃左右的冷水中对带壳茭白进行预冷，使产品体内温度快速降到2℃以下	
目前的收贮运技术是否可以满足产业需求?	否	
收贮运环节主要问题	在茭白产地预冷及后续运输过程中，茭白易腐烂	
建议	标准制修订建议：建议增加GB 2760中硫酸铝钾的使用范围，允许在经表面处理的蔬菜中使用	
备注	技术规范：DB3302/T 098—2010茭白贮运保鲜技术规范	

3.11 芽菜类蔬菜

3.11.1 黄豆芽

（1）品种及产地

黄豆芽，产地：全国。

（2）收贮运环节管理要点

项目	内容	
采收环节	采收期	培育6~7天后可采收
	采收要点	下胚轴长8~12cm、根须长3~5cm可采收，机械或人工采收，避免机械损伤
贮藏环节（贮藏方法）	低温贮藏	贮藏要点：将豆芽放入整洁、无污染的PE袋中，将袋装豆芽在库中整齐码放，防止挤压损伤 贮藏温度：2~6℃ 贮藏时间：短期贮藏
运输环节	短途运输	运输方式：公路运输 运输温度：0~5℃ 运输要点：将豆芽装入塑料袋中，封口，整齐码放于保温车内，避免强烈振荡、撞击，运输作业轻装、轻卸
	长途运输	
易引发收贮运质量安全问题的生理特性	豆芽含水量高，呼吸代谢旺盛，组织娇嫩，易出现老化、微生物感染，造成烂根、黏腐、变味	
产地初加工	初加工方法：清洗、预冷 初加工要点：清洗去除95%以上豆芽种皮和部分根须，后经0℃左右的清水冷却3~4min，进行预冷	
目前的收贮运技术是否可以满足产业需求？	否	
收贮运环节主要问题	豆芽收获后，部分商家会利用亚硫酸盐溶液进行清洗，护色防腐	
建议	监管建议：禁止在豆芽收贮运过程中过量使用亚硫酸盐 研究建议：加强对环保型保鲜方法的推广及新型保鲜方法的研究	
备注	DB34/T 1081—2009 豆芽工厂化生产技术规程；DB21/2036—2012 豆芽；DB3702/T 090—2006 豆芽生产管理技术规程	

3.11.2 绿豆芽

（1）品种及产地

绿豆芽，产地：全国。

（2）收贮运环节管理要点

项目	内容	
采收环节	采收期	培育6~7天后可采收
	采收要点	下胚轴长6~10cm、根须长4~6cm可采收，机械或人工采收，避免机械损伤
贮藏环节 （贮藏方法）	低温贮藏	贮藏要点：将豆芽放入整洁、无污染的PE袋中，将袋装豆芽在库中整齐码放，防止挤压损伤 贮藏温度：2~6℃ 贮藏时间：短期贮藏
运输环节	短途运输	运输方式：公路运输 运输温度：0~5℃ 运输要点：将豆芽装入塑料袋中，封口，整齐码放于保温车内，避免强烈振荡、撞击，运输作业轻装、轻卸
	长途运输	
易引发收贮运质量安全问题的生理特性	豆芽含水量高，呼吸代谢旺盛，组织娇嫩，易出现老化、微生物感染，造成烂根、黏腐、变味	
产地初加工	初加工方法：清洗、预冷 初加工要点：清洗去除95%以上豆芽种皮和部分根须，后经0℃左右的清水冷却3~4min，进行预冷	
目前的收贮运技术是否可以满足产业需求？	否	
收贮运环节主要问题	豆芽收获后，部分商家会利用亚硫酸盐溶液进行清洗，护色防腐	
建议	监管建议：禁止在豆芽收贮运过程中过量使用亚硫酸盐 研究建议：加强对环保型保鲜方法的推广及新型保鲜方法的研究	
备注	DB34/T 1081—2009 豆芽工厂化生产技术规程；DB21/2036—2012 豆芽；DB3702/T 090—2006 豆芽生产管理技术规程	

3.12 野生蔬菜类

3.12.1 蕨菜

（1）品种及产地

蕨菜，产地：河北、辽宁、内蒙古、吉林等。

（2）收贮运环节管理要点

项目	内容	
采收环节	采收期	3—6月
	采收要点	采后用焦亚硫酸钠浸泡处理
贮藏环节 （贮藏方法）	方法1 气调保鲜	贮藏要点：气调保鲜主要是通过改变果蔬贮藏环境中的二氧化碳、氧气、氮气比例，降低呼吸强度、减少自身消耗而达到保鲜目的
	方法2 可食性 涂膜保鲜	贮藏要点：可食性涂膜能够在果蔬表面形成一层薄膜，既可防止细菌侵染，又能在其表面形成一个小型气候室，减少水分挥发，减缓呼吸作用，推迟生理衰老
运输环节	短途运输	运输方式：公路运输 运输温度：常温 运输要点：采用铝塑复合袋包装
	长途运输	
易引发收贮运质量安全问题的生理特性	蕨菜生长季节性强，采收期集中在3—6月，且采后组织呼吸作用强，易褐变、老化、变质，不易保鲜贮藏	
产地初加工	干制	初加工要点：选出鲜嫩粗壮、没有病虫害的蕨菜，去掉杂质，用开水浸煮10min，捞出晾晒。当外皮见干时，用手揉搓，反复搓晒10余次，经2~3天即可晒干
	腌制	初加工要点：选取粗壮、无虫蛀、长度在20cm以上的新鲜蕨菜。将蕨菜切去老根，然后按长20cm以上，每把直径5~6cm，重量250~260g/扎把

（续表）

项目	内容
目前的收贮运技术是否可以满足产业需求？	否
收贮运环节主要问题	运输过程中易发生褐变、老化、变质等现象
建议	监管建议：严厉禁止在蕨菜采收过程中使用焦亚硫酸钠浸泡处理 研究建议：加强对环保型保鲜方法的推广及新型保鲜方法的研究，如恒温保鲜或冷链物流
备注	LY/T 1779—2008 蕨菜采集与加工技术规程

3.13 食用菌类蔬菜

3.13.1 木耳

（1）品种及产地

黑木耳、毛木耳、皱木耳、燕耳。产地：河北、辽宁、内蒙古、吉林等。

（2）收贮运环节管理要点

项目	内容		
采收环节	采收期	春耳	早春5—6月
		伏耳	6—8月
		秋耳	8—10月
	采收要点	甲级春耳采收标准：面青色，灰底白，有光泽，朵大肉厚，膨胀率大，肉层坚韧，有弹性，无泥沙虫蛀，无卷耳；乙级伏耳采收标准：表面青色，底灰褐色，朵形完整，无泥沙虫蛀；丙级秋耳：色泽暗褐，朵形不一，有部分碎耳	
贮藏环节（贮藏方法）	方法1 冷藏（鲜）	贮藏要点：先预冷，然后装入透明塑料袋中 贮藏温度：0℃ 贮藏时间：短时贮藏2~3周	
	方法2 密封藏（干）	贮藏要点：采用无毒塑料袋装好，扎紧袋口，密封放置在木箱或木桶内，贮藏在干燥通风室内 贮藏温度：常温 贮藏时间：长时贮藏	
运输环节	短途运输	运输方式：公路（鲜） 运输温度：0℃ 运输要点：鲜耳较难贮存，采收后立即低温贮存，并于高湿状况下装入透明塑料袋，封口，再装入保温车，运输期限不超过24h	
	长途运输	运输方式：公路（鲜） 运输温度：0℃ 运输要点：相对湿度95%以上	

（续表）

项目	内容
易引发收贮运质量安全问题的生理特性	贮藏保鲜难度大，不宜久贮，一般2~3周；需采用筐、箱或塑料袋包装。一般采摘后晒干，贮藏
产地初加工	初加工方法：干制 初加工要点：一般去除耳根的料，及时烘干或晒干，若遇晴天2~3天即可晒干；若遇阴雨天，可用木制烘箱烘干（分数层，每层相距15cm，上放铁丝筛子）
目前的收贮运技术是否可以满足产业需求？	是
收贮运环节主要问题	鲜耳运输过程中已发生腐烂现象
建议	标准制修订建议：加强对木耳采收贮运技术规范的制度
备注	技术规范：DB35/T 659—2006 毛木耳栽培技术规范；DB2103/T 002—2006 无公害农产品　袋栽毛木耳生产技术规程；DB13/T 1048—2009 无公害全日光露地黑木耳生产技术规程

3.13.2 银耳

（1）品种及产地

银耳，产地：全国，主要是四川、浙江、福建、江苏、江西、安徽、湖北等。

（2）收贮运环节管理要点

项目	内容	
采收环节	采收期	6—10 月
	采收要点	用刀片齐耳根处割下，同时避免把耳根处的培养料带出以保护耳芽和幼耳继续生长。采下的木耳去除茸根和基部杂物，置烈日下晒干或用炭火烘干。然后装入塑料袋，放入木箱中，置于通风干燥处贮藏
贮藏环节（贮藏方法）	方法 1 冷藏（鲜）	贮藏要点：预冷，装入透明塑料袋中，适宜通风换气以免霉烂 贮藏温度：0℃，95%以上湿度 贮藏时间：短时贮藏 2 周左右
	方法 2 密封藏（干制）	贮藏要点：采用无毒塑料袋装好，扎紧袋口，密封放置在木箱中，置于通风干燥处贮藏 贮藏温度：常温 贮藏时间：长时贮藏
运输环节	短途运输	运输方式：公路（鲜） 运输温度：0℃ 运输要点：相对湿度 95%以上，装入透明塑料袋，封口，再置于木箱中，通风
	长途运输	运输方式：公路（鲜） 运输温度：0℃ 运输要点：相对湿度 95%以上，装入透明塑料袋，封口，再置于木箱中，通风
易引发收贮运质量安全问题的生理特性	易发生褐变	

（续表）

项目	内容
产地初加工	初加工方法：干制 初加工要点：置烈日下晒干或用炭火烘干
目前的收贮运技术是否可以满足产业需求？	是
收贮运环节主要问题	干银耳在贮藏过程中易发生褐变
建议	监管建议：严格控制银耳硫熏过程中的操作规范及二氧化硫残留限量 研究建议：加强对银耳天然安全防腐保鲜剂、护色剂的研究
备注	技术规范：GB/T 29369—2012 银耳生产技术规范

3.13.3 平菇

（1）品种及产地

浅色种（中低温）、乳白色种（广温）、白色种。产地：全国，主要是四川、浙江、福建、江苏、江西、安徽、湖北等。

（2）收贮运环节管理要点

<table>
<tr><th>项目</th><th colspan="3">内容</th></tr>
<tr><td rowspan="3">采收环节</td><td rowspan="2">采收期</td><td>中低温菇：</td><td>9月至翌年5月</td></tr>
<tr><td>高温菇</td><td>5—8月</td></tr>
<tr><td>采收要点</td><td colspan="2">平菇子实体成熟，菌盖充分展开，颜色由深变浅，菌盖边缘韧性好、破损率低，菌肉厚实肥嫩，菌柄柔软，应进行采收。采前12h不能喷水</td></tr>
<tr><td rowspan="2">贮藏环节
（贮藏方法）</td><td>方法1
低温贮藏</td><td colspan="2">贮藏要点：把刚采下的鲜菇放在温度低、湿度较大、光线较暗的地方，装在塑料袋
贮藏温度：4~5℃
贮藏时间：短时贮藏（5天）</td></tr>
<tr><td>方法2
冷冻贮藏</td><td colspan="2">贮藏要点：将刚采下的鲜菇放在沸水或蒸汽中处理4~8h，以抑制酶的活力，防止自溶。然后迅速用冷水（最好放在1%柠檬酸溶液中）冷却，滤去水分，用防水纸或塑料布包装好，迅速冷藏
贮藏温度：0℃，待取用时解冻
贮藏时间：比低温贮藏长一些</td></tr>
<tr><td rowspan="2">运输环节</td><td>短途运输</td><td colspan="2">运输方式：公路（鲜）
运输温度：0℃
运输要点：新鲜平菇较难贮存，采收后立即低温贮存，并于高湿状况下装入透明塑料袋，封口，再装入保温车，运输期限不超过24h</td></tr>
<tr><td>长途运输</td><td colspan="2">不建议长途运输</td></tr>
<tr><td>易引发收贮运质量安全问题的生理特性</td><td colspan="3">贮藏保鲜难度大，含水量高，易发生腐烂</td></tr>
</table>

（续表）

项目	内容	
产地初加工	干制	初加工要点：可以晒干或烘干。先用 35～40℃ 温度烘至半干，然后把温度上升到50～55℃ 继续烘烤，有条件的也可使用快速脱水技术，再用塑料袋包好
	腌渍	初加工要点：将鲜菇削去菌柄基部，后将菇朵进入饱和的冷盐开水中泡 20min，捞起装袋
目前的收贮运技术是否可以满足产业需求？	是	
收贮运环节主要问题	平菇在贮藏过程中易发生褐变、腐烂现象	
备注	技术规范：DB34/T 1214—2010 无公害平菇生产技术规程	

3.13.4 草菇

（1）品种及产地

大型种草菇、中型种草菇、小型种草菇，产地：广东、广西、福建、江西、台湾。

（2）收贮运环节管理要点

<table>
<tr><th>项目</th><th colspan="2">内容</th></tr>
<tr><td rowspan="2">采收环节</td><td>采收期</td><td>自然条件下栽培：夏季是草菇旺季</td></tr>
<tr><td>采收要点</td><td>采收标准：未破膜，菇形刚好开始拉长，用手捏时菇体上下手感基本一致，中间没有明显变松时最好；当子实体的中上部略有凹陷时，说明即将开伞，必须马上采收，就近上市。收菇时间以早上4:00—6:00，下午6:00—8:00为宜</td></tr>
<tr><td>贮藏环节
（贮藏方法）</td><td>常温贮藏</td><td>贮藏要点：采下的菇体不要沾水，否则开伞更快；把采下的菇体剥去菇脚杂物，在通风阴凉的房舍内，把草菇平摊在地面的报纸或牛皮纸上，可保持4~6h不开伞，不破损
贮藏温度：不宜低于18℃，否则温度越低，草菇自溶越快</td></tr>
<tr><td rowspan="2">运输环节</td><td>短途运输</td><td>运输方式：公路
运输温度：不低于18℃
运输要点：不能沾水，需要通风、阴凉，运输期不超过24h</td></tr>
<tr><td>长途运输</td><td>不建议长途运输</td></tr>
<tr><td>易引发收贮运质量安全问题的生理特性</td><td colspan="2">保鲜难度大，易开伞、腐烂</td></tr>
<tr><td>产地初加工</td><td colspan="2">初加工方法：腌制
初加工要点：盐漕池盐水浸没草菇，还可在草菇表面盖4层纱布，再在布上加盐，直到食盐不再溶解，取出纱布。腌渍过程中要进行一次转缸，20天左右即可装桶、贮存和运输，一般可保藏2~3个月以上</td></tr>
<tr><td>目前的收贮运技术是否可以满足产业需求？</td><td colspan="2">是</td></tr>
<tr><td>收贮运环节主要问题</td><td colspan="2">草菇在贮藏过程中易开伞、腐烂</td></tr>
<tr><td>备注</td><td colspan="2">技术规范：DB34/T 860—2008 无公害食品　草菇生产技术规程</td></tr>
</table>

3.13.5 口蘑

（1）品种及产地

口蘑，产地：安徽、江苏、山东、河南、河北及南方的一些省份。

（2）收贮运环节管理要点

项目	内容	
采收环节	采收期	9月至翌年4月
	采收要点	当蘑菇长到直径2～4cm时应及时采收，若采收过晚会使品质变劣，并且抑制下批小菇的生长。采摘时，用手指捏住菇盖，轻轻转动采下，用小刀切去带泥根部，注意切口要平整。采收后在空穴处及时补上土填平，并喷施一次1%的葡萄糖、200倍的太阳花丰产王或绿风95，以促进小菇生长，提高产量和品质
贮藏环节（贮藏方法）	低温贮藏	贮藏要点：采下的菇体不要沾水，否则易开伞、易腐烂。将菇置于塑料筐内，于阴凉处，可保持2～3天不腐烂 贮藏温度：0～3℃
运输环节	短途运输	运输方式：公路 运输温度：0℃ 运输要点：冷链运输，需要通风、阴凉，运输期不超过24h
	长途运输	不建议长途运输
易引发收贮运质量安全问题的生理特性	保鲜难度大，易开伞、易褐变、易腐烂	
产地初加工	初加工方法：腌渍 初加工要点：原料挑选、漂洗护色、杀青、冷却漂洗、腌渍、调酸装桶、贮藏	
目前的收贮运技术是否可以满足产业需求？	是	
收贮运环节主要问题	口蘑在贮藏过程中易褐变、易开伞、易腐烂	
建议	监管建议：严格控制口蘑在贮藏和销售中护色处理 研究建议：加强对口蘑护色剂保鲜剂或方法的研究	
备注	技术规范：DB21/T 1811—2010 农产品质量安全　双孢菇栽培技术规程	

3.13.6 猴头菇

（1）品种及产地

猴头菌、假猴头菌、珊瑚状猴头菌。产地：黑龙江、吉林、内蒙古、河南、云南、贵州、湖北。

（2）收贮运环节管理要点

项目	内容	
采收环节	采收期	秋季
	采收要点	一般猴头生长7~10天，当猴头菌刺约0.5cm时，即将产生孢子前及时采收。猴头采收后，清理菌袋菇根和老菌皮，扎紧袋口，继续培养10天左右即或形成第二批菇。一般管理好可采收3~4批菇，生物转化率达90%~115%。采收时用小刀自袋口将子实体取下，柄留1~2cm以利下一次采收；也可直接将菇体带柄拧下。采收的鲜菇放在垫有纱布的筐内，随即销售或烘干、晒干
贮藏环节（贮藏方法）	低温贮藏	贮藏要点：相对湿度95%左右。因对乙烯很敏感，故不能与其他果蔬混贮，以免因贮藏环境中乙烯积累过多而使菌体褐变、衰老。又因猴头蘑的整体都布满柔嫩的菌刺，所以在贮运包装时需先放一些柔软的充填物；装筐、箱也不能过满，装载高度不应超过15cm，重量在10kg之内 贮藏温度：0~6℃
运输环节	短途运输	运输方式：公路 运输温度：0~6℃ 运输要点：需要将其置于筐（箱）中，并用柔软的充填物装好，减少震动、碰撞，运输期不超过24h
	长途运输	不建议长途运输
易引发收贮运质量安全问题的生理特性	保鲜难度大，易开伞、易褐变、易腐烂	

（续表）

项目	内容	
产地初加工	干制	初加工要点：晒干，将采收的鲜猴头菌，切去菌蒂部分，排放于竹帘上，置烈日下暴晒，先将切面朝上晒一天，再翻转过来晾晒至干燥。烘干，经风干1~2天后，按大小分别烘烤。烘烤温度应从40℃逐渐提高到600℃，直至烘干。干品含水量为10%~13%，并要求保持菌刺完整，待冷却后及时分装于塑料袋密封保存
	盐制	初加工要点：将新鲜的猴头菌切去菌柄，用清水漂洗，洗去灰尘，放入0.1%柠檬酸水中煮沸10min，捞出放入清水中冷却。冷却后按猴头菌的重量加入25%的精盐，层层加盐，贮于池中或包装桶中，经7天后翻池或倒桶一次，并加足饱和盐水，最后用1~2cm厚的盐粒层封口
目前的收贮运技术是否可以满足产业需求?	是	
收贮运环节主要问题	猴头菇在贮藏过程中易腐烂	
备注	技术规范：DB51/T 1214—2011 猴头菇生产技术规程	

3.13.7 金针菇

（1）品种及产地

按出菇快慢迟早分为早生型和晚生型；按发生的温度可分为低温型和偏高温型；按子实体发生的多少分为细密型（多柄）和粗稀型（少柄）。产地：江苏、河北、浙江、福建。

（2）收贮运环节管理要点

项目	内容	
采收环节	采收期	11月至翌年3月
	采收要点	采摘时应戴洁净手套，一手压住瓶或袋，一手握住菇丛，整丛拔起，剪除根须，去除杂质；采后放入洁净干燥、不易损伤的包装容器内，避免雨淋、日晒。采摘温度在0~15℃，宜在采后4h内实施预冷
贮藏环节（贮藏方法）	方法1 低温贮藏	贮藏要点：新采收的金针菇经整理后，用低密度聚乙烯薄膜袋（DpE）袋膜厚20mm，分装，抽真空封口，将包装袋竖立放入专用筐或纸箱内，1~3℃低温冷藏。可保鲜13天左右
	方法2 常温保鲜	贮藏要点：采收后的新鲜金针菇经整理后，立即放入筐、篮中。其上覆盖多层湿纱布或塑料薄膜，置于冷凉处（自然气温20℃以下），一般可保鲜1~2天
	方法3 化学保鲜法	贮藏要点：可用于金针菇保鲜的化学物质有：焦亚硫酸钠、氯化钠、稀盐酸、高浓度的二氧化碳、保鲜剂、抗坏血酸及比久等 ①焦亚硫酸钠喷洒保鲜：用0.02%焦亚硫酸钠溶液漂洗金针菇以除去泥沙碎屑，再用0.05%焦亚硫酸钠溶液浸泡10min护色，捞出沥干后分装塑料袋中可保鲜数天 ②氯化钠（即食盐）、氯化钙液保鲜：0.2%食盐液加0.1%氯化钙制成混合浸泡液，将刚采收整理好的金针菇浸泡上述混合液中，要求菇体浸入液面以下30min，捞出沥干分装塑料袋中，可保鲜数天

（续表）

<table>
<tr><th>项目</th><th colspan="2">内容</th></tr>
<tr><td rowspan="2">运输环节</td><td>短途运输</td><td>运输方式：公路
运输温度：常温
运输要点：运输期限不宜超过 24h。采用常温运输时，应用篷布（或其他覆盖物）遮盖，并根据天气状况，采取相应的防热、防冻、防雨措施。运输行车应平稳，减少颠簸和剧烈震荡</td></tr>
<tr><td>长途运输</td><td>运输方式：低温运输
运输温度：2~8℃
运输要点：最长期不宜超过 48h。运输行车应平稳，减少颠簸和剧烈震荡</td></tr>
<tr><td>易引发收贮运质量安全问题的生理特性</td><td colspan="2">易发生腐烂</td></tr>
<tr><td rowspan="3">产地初加工</td><td>清洗</td><td>初加工要点：将菇体检验杂质后在冷水中冲洗两遍，取出至不滴水，然后放入沸水中煮沸 5~10min，捞出，冷水冲洗后放入 0.1%~0.2%的柠檬酸水中，送往罐头厂加工</td></tr>
<tr><td>盐渍</td><td>初加工要点：①预煮　把 5%~10%食盐水置于铝锅内煮沸，倒入金针菇，煮沸 5~7min，捞出沥去水分。②盐渍　每 100kg 菇加入 25~30kg 食盐。先在缸底放一层盐，加一层菇，反复至缸满，再注入煮沸后冷却的饱和食盐水，使菇浸泡在食盐水中，再加入调整液，使溶液 pH 值达 3.5 左右，不足用柠檬酸调节。③管理　冬天 7 天翻缸一次，共 3 次；夏天 2 天一次，共 10 次。一般盐渍 20 天即可装箱外运</td></tr>
<tr><td>干制</td><td>初加工要点：把鲜金针菇晒干或烘干至含水量 10%~12%。晒干的金针菇色较深，不耐久藏。烘干的金针菇色泽好，质量高，但成本高，耐久藏</td></tr>
<tr><td>目前的收贮运技术是否可以满足产业需求?</td><td colspan="2">是</td></tr>
<tr><td>收贮运环节主要问题</td><td colspan="2">金针菇在贮藏过程中易腐烂</td></tr>
<tr><td>备注</td><td colspan="2">技术规范：DB3703/T 038—2005 无公害金针菇工厂化生产技术规程；NY/T 1934—2010 双孢蘑菇、金针菇贮运技术规范</td></tr>
</table>

3.13.8 香菇

（1）品种及产地

花菇、冬菇、香覃。产地：河北遵化、平泉县、山东高密、广饶、河南灵宝、西峡、卢氏县、泌阳、浙江、福建、台湾、广东、广西、安徽、湖南、湖北、江西、四川、贵州、云南、陕西、甘肃。

（2）收贮运环节管理要点

项目	内容	
采收环节	采收期	一般是春秋季节采收
	采收要点	当子实体长到菌膜已破，菌盖还没有完全伸展，边缘内卷，菌褶全部伸长，并由白色转为褐色时，子实体已八成熟，为最佳采收期，采菇应在晴天进行。摘菇时左手拿起菌棒，右手用大拇指和食指捏紧菇柄的基部，先左右旋转，拧下即可。不让菇脚残留在菌筒上霉烂，影响以后出菇。如果成菇生长较密，基部较深，要用小尖刀从菇脚基部挖起，注意保持朵形完好
贮藏环节（贮藏方法）	方法1 低温贮藏 （鲜或干）	贮藏要点：鲜香菇5℃左右，可以保存15天。干香菇可密封装袋后于冰箱或冷库中贮存 贮藏温度：5℃左右 贮藏时间：15天
	方法2 常温保鲜（干）	贮藏要点：装袋后密封，有条件的可以用抽氧充氮贮存，避光 贮藏温度：5~15℃ 贮藏时间：5天
易引发收贮运质量安全问题的生理特性	香菇含水量大，易腐烂褐变	

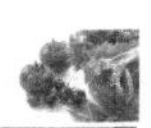

（续表）

项目	内容	
产地初加工	日晒干燥法	初加工要点：香菇干燥以日晒最方便易行。方法是：把采收的香菇及时摊放在向阳的晒谷场或水泥地面上。晒时先将菇盖向上，菇柄朝下，摆开，晒至半干后，菇柄向上，直至九成干以上为宜
	烘烤干燥法	初加工要点：香菇采下后应装在小型筐子内，应当天烘烤。一般做法：将收获的香菇摊送入烘房。开始时温度不要超过 40℃，以后每隔 3h 升温 5℃，最高不超过 65℃。至八成干后，取出摊晾数小时，再复烤 3h，直到含水量达 13%以下。干制后的香菇应及时进行分级处理，分级后迅速密封包装，置干燥、阴凉处贮藏
目前的收贮运技术是否可以满足产业需求？	是	
收贮运环节主要问题	香菇采后因含水量大易腐烂褐变	
备注	技术规范：DB3703/T 032—2005 无公害香菇生产技术规程	

3.13.9　鸡腿菇

（1）品种及产地

鸡腿菇，产地：华北、东北、西北和西南，包括河北、山东、山西、黑龙江、吉林、辽宁、甘肃、青海、云南、西藏等。

（2）收贮运环节管理要点

项目	内容		
采收环节	采收期	秋季栽培	9—12 月
		春季栽培	4—6 月
	采收要点	当子实体成熟 5~6 成时采收。采收时，手持菇柄基部轻轻扭下，勿带出基部土层。如果是丛生菇，要等多数菇适合采收时，整丛一起采下，以免因采摘个别菇而造成大量幼菇死亡。采下的鲜菇要按顺序排放在浅筐内，不可随意放置，以防菇脚泥土黏在菌盖或菌柄上	
贮藏环节（贮藏方法）	方法 1 气调贮藏	贮藏要点：温度 1℃，氧气 2%~4%，二氧化碳 5%~8%	
	方法 2 低温贮藏	贮藏要点：鸡腿菇采摘后，尽快预冷存放于温度 0~3℃、相对湿度 90%~95%的稳定环境	
	方法 3 食盐保鲜法	贮藏要点：用浓度 0.6%~0.8%的食盐水，浸泡鲜菇20~30min，捞起沥干，装入容器贮藏。可延长货架寿命3~5 天	
运输环节	短途运输	运输方式：公路冷藏运输 运输温度：0℃左右 运输要点：包装菇应放在冷库内或放在 0℃左右的低温环境，存放时间一般不能超过 3 天	
	长途运输	运输方式：铁路运输 运输温度：0℃左右 运输要点：包装菇放在冷库内或放在 0℃左右的低温环境，存放时间一般不能超过 3 天	

（续表）

项目	内容
易引发收贮运质量安全问题的生理特性	采后贮藏过程中易褐变、自溶
产地初加工	初加工方法：干制 初加工要点：将鸡腿菇的菇蕾切成薄片，用电热鼓风干燥机，迅速脱水烘干后再销售
目前的收贮运技术是否可以满足产业需求？	是
收贮运环节主要问题	鸡腿菇采后易腐烂褐变
备注	技术规范：DB3205/T 034—2003 无公害农产品　鸡腿菇生产技术规程

3.13.10 茶树菇

（1）品种及产地

颜色上分：褐色、白色。产地：江西广昌县、江西黎川县、福建古田县、建阳莒口镇。

（2）收贮运环节管理要点

项目	内容	
采收环节	采收期	全年，主要集中在春夏和中秋前后
	采收要点	连盖带柄一起采收。采用采大留小、采老留幼的方法分批采收，分批收获时要注意保护好幼菇
贮藏环节（贮藏方法）	低温贮藏	贮藏温度：2~4℃ 贮藏时间：短期贮藏
运输环节	短途运输	运输方式：公路运输（干茶树菇） 运输温度：常温 运输要点：干茶树菇运输过程中比较注重防湿，通常先用透明塑料袋密封包装成件，然后再用瓦楞纸箱包装
	长途运输	
易引发收贮运质量安全问题的生理特性	采后易腐烂	
产地初加工	初加工方法：烘烤干制 初加工要点：鲜菇采摘后，最好用阳光先晒半天，按大小分开，除去杂物、蒂头，再将茶树菇的菌褶向下，排放在烤盘上，送到烤房烘烤。温度由低到高。一般要求烘烤前将烤房预热到40~45℃，进料后下降30~35℃。晴天采收的菇较干，起始温度可高一点，雨天采收的菇较湿，起始温度应低一点。随着菇的干燥缓慢加温，最后升到60~65℃，勿超过75℃，整个烘烤过程，视产品种类与干湿度总需6~10h	
目前的收贮运技术是否可以满足产业需求？	是	
收贮运环节主要问题	茶树菇采后易腐烂褐变	
备注	技术规范：DB35/T 522.4—2003 茶树菇栽培技术规范	

3.13.11 杏鲍菇

（1）品种及产地

保龄球形、棍棒形、鼓槌状形、短柄形、菇盖灰黑色形。产地：河北石家庄、河北保定。

（2）收贮运环节管理要点

项目	内容	
采收环节	采收期	全年
	采收要点	当杏鲍菇子实体的菌盖平展，中间下凹，表面稍有绒毛，孢子尚未弹射时为采收适期。采收时手握菌柄，整朵拔起。采收后清理料面，停止喷水，生息养菌 7~10 天可出第 2 潮菇，生物转化率可达 100%
贮藏环节（贮藏方法）	低温贮藏	贮藏要点：杏鲍菇在 15℃ 温度条件下可以保鲜一周左右。如果放在 2~4℃ 条件下，则可以保存半个月以上。保存前注意查看菇体是否完好，有伤口的话容易导致腐烂霉变 贮藏温度：15℃左右/2~4℃ 贮藏时间：1 周左右/半个月左右
运输环节	短途运输	运输方式：公路运输 运输温度：2~6℃
	长途运输	运输方式：公路或铁路运输（干杏鲍菇） 运输温度：常温 运输要点：干杏鲍菇运输过程中比较注重防湿，通常先用透明塑料袋密封包装成件，然后再用瓦楞纸箱包装
易引发收贮运质量安全问题的生理特性	采后易褐变腐烂	

（续表）

项目	内容
产地初加工	初加工方法：烘烤干制 初加工要点：①烘干时可将切好的菇片均匀平放在竹筛上，在太阳下晒2~3h，使菇体初步脱水后再进行烘干。②起烘温度以35℃为宜，进气孔和排气孔都要全部打开，回温孔关闭，烘干3~4h。一般每小时温度升高1~2℃，逐步升至40℃左右。③烘干4~5h以后，温度要逐渐升至50℃左右，每小时升2℃左右，进气孔和排气孔关闭1/3，再烘干3~4h。④烘干8~9h后，温度要逐渐升到55~60℃，这时进气孔和排气孔要关闭1/2，回温孔开启1/2，此阶段一般烘干1~2h。⑤最后1h，温度应控制在60~65℃（温度不要超过65℃，否则会把菇体烤焦）进排气孔全部关闭，回温孔全部打开，使热空气上下循环，能够保证菌褶蛋黄色并增加香气
目前的收贮运技术是否可以满足产业需求？	是
收贮运环节主要问题	杏鲍菇采后易腐烂褐变
备注	技术规范：DB32/T 1660—2010 杏鲍菇工厂化生产技术规程

3.14 其他类蔬菜

3.14.1 黄花菜

（1）品种及产地

早熟型、中熟型、晚熟型。产地：全国。

（2）收贮运环节管理要点

<table>
<tr><th>项目</th><th colspan="3">内容</th></tr>
<tr><td rowspan="4">采收环节</td><td rowspan="3">采收期</td><td>早熟型</td><td>5—6月</td></tr>
<tr><td>中熟型</td><td>5—6月</td></tr>
<tr><td>晚熟型</td><td>5—6月</td></tr>
<tr><td>采收要点</td><td colspan="2">黄花菜采收的是花蕾，一般下午开放，上午需完成采摘，绝大部分黄花菜是杀青干制后贮存，鲜黄花菜需冷链运输</td></tr>
<tr><td>贮藏环节
（贮藏方法）</td><td>冷藏</td><td colspan="2">贮藏要点：用封口袋密封后冷藏
贮藏温度：4℃
贮藏时间：5~7天</td></tr>
<tr><td rowspan="2">运输环节</td><td>短途运输</td><td colspan="2">运输方式：公路运输
运输温度：0~5℃
运输要点：将菜装入透明塑料袋，封口，在装入保温车，运输期限不超过24h</td></tr>
<tr><td>长途运输</td><td colspan="2">运输方式：公路运输
运输温度：0~5℃
运输要点：相对湿度85%~90%，保持空气流通，运输期限不超过72h</td></tr>
<tr><td>易引发收贮运质量安全问题的生理特性</td><td colspan="3">鲜黄花菜对贮藏条件要求较高，贮运过程易开放，造成品相降低，且易腐败变质</td></tr>
</table>

（续表）

项目	内容
产地初加工	初加工方法：拣选、整理、包装
目前的收贮运技术是否可以满足产业需求？	否
收贮运环节主要问题	保质期太短，冷链运输成本太高
建议	研究建议：加强对环保型保鲜方法的推广及新型保鲜方法的研究，如恒温保鲜或冷链物流
备注	DB36/T 467—2005 无公害食品　黄花菜生产技术规程；DB140400/T 020—2004 绿色农产品　黄花菜生产操作规程

3.14.2 黄秋葵

(1) 品种及产地

锦葵科，产地：湖南、湖北、广东等省。

(2) 收贮运环节管理要点

项目	内容	
采收环节	采收期	8月盛果期
	采收要点	—
贮藏环节 (贮藏方法)	方法1 冷藏	贮藏要点：由2.0% N,O-羧甲基壳聚糖、25μg/mL 6-苄氨基腺嘌呤及0.1g/kg脱氢醋酸钠混合制成的保鲜剂和脱乙烯剂配合使用 贮藏温度：1~3℃ 贮藏时间：30天
	方法2 速冷冷藏	贮藏要点：漂烫处理后，速冻冷藏，速冻时为-30℃ 贮藏温度：0~5℃ 贮藏时间：9个月
运输环节	短途运输	运输方式：公路运输 运输温度：1~3℃ 运输要点：保鲜剂和保鲜袋联合使用
	长途运输	—
易引发收贮运质量安全问题的生理特性	嫩果采后常温下数小时就会出现质量减轻、纤维增多、品质变劣的现象，2~3天即完全萎蔫或腐烂	
产地初加工	漂洗，部分腌制	
目前的收贮运技术是否可以满足产业需求?	否	
收贮运环节主要问题	极易腐烂变质	
备注	无技术规范	

3.14.3 莲子

（1）品种及产地

广昌莲2号，产地：江西广昌；洪湖莲（野生），产地：湖北洪湖；白洋淀野生莲，产地：河北保定。

（2）收贮运环节管理要点

项目	内容	
采收环节	采收期	6—9月
	采收要点	莲子成熟时，莲蓬成青褐色，莲子灰黄色，采收时不要伤及绿叶
贮藏环节 （贮藏方法）	方法1 堆放	贮藏要点：产品堆放在垫板上，离地10cm以上，离墙20cm以上。产品存放在清洁、干燥的库房 贮藏时间：短时贮藏
	方法2 冷藏运用	贮藏要点：调节温度至低温状态，将莲子放入塑料筐中，密封 贮藏时间：短时贮藏 贮藏温度：0~2℃
运输环节	短途运输	运输方式：公路运输 运输温度：6℃ 运输要点：用臭氧进行前处理。运输工具应清洁卫生、干燥、无异味，防雨水渗漏
	长途运输	运输方式：公路运输 运输温度：2℃ 运输要点：莲子用聚乙烯保鲜袋，碎冰覆盖，放8℃的冷库中冻一天，运输时的温度控制在2℃左右
易引发收贮运质量安全问题的生理特性	采后的莲蓬呼吸强度非常旺盛，水分极易蒸发，失重率极大，失水率高，易发生褐变	
目前的收贮运技术是否可以满足产业需求?	否	
收贮运环节主要问题	运输过程中易发生褐变现象	
建议	监管建议：严厉禁止在莲子收贮过程中使用二氧化硫 研究建议：加强对气调和辐照保鲜方法的推广，防止莲子的褐变	
备注	技术规范：NY/T 1504—2007 莲子	

4 蔬菜收贮运环节管控措施

4.1 蔬菜收获环节风险分析与管控措施

蔬菜的收获主要指获取蔬菜作物可食用部位的过程，收获方式包括人工收获和机械收获两种，其中机械收获分为根菜类收获机、果菜类收获机和叶菜类收获机等。由于蔬菜收获作业的复杂性，目前我国以人工收获为主。蔬菜在收获环节造成品质下降和质量安全风险隐患的主要来源有以下两个方面。

一方面是收获时期不当对蔬菜品质的影响。蔬菜中尤其是呼吸跃变型蔬菜对收获期要求比较高，过早收获会由于蔬菜尚未充分成熟而影响品质，收获过晚不仅耐贮性变差，也会引起某些营养品质的下降。

另一方面是收获环节的机械损伤和外源物质污染。收获过程蔬菜与生产者、机械及器具接触过程中，其他介质中物理、化学和生物有害物质混入蔬菜产品中，使蔬菜中有害物质含量升高。针对蔬菜在收获环节存在的风险隐患，在该环节主要通过以下 2 种方式来保障其质量安全。

一是适时收获。主要根据蔬菜的特性以及后期贮运和加工的需要确定采收时间，既要保证蔬菜品质达到最佳水平，又要根据后期的加工和贮藏运输需要，选择最佳的收获期。

二是改进收获技术，减少农产品机械损伤。研究显示，蔬菜机械损伤会造成微生物侵染，加速蔬菜的腐败变质。同时加强产地环境卫生管理，减少农产品表面杂质及微生物等有害物质，加强产地环境监测与保护，防止农业面源污染。

4.2 蔬菜初加工环节风险分析与管控措施

蔬菜初加工是指收获后进行的首次加工，使产品性状适于进入流通和精深加工的过程，如干燥、清洁、分级、切分等操作，以便于后期包装、贮藏和运输。

干燥是降低蔬菜中水分含量的过程。蔬菜干燥是个复杂的传热、传质过程，其间伴有体积收缩、成分降解等物理、化学过程，是解决产后损失、保持品质、保障质量安全的重要环节。干燥方式主要有自然干燥和机械干燥两种。清洁主要是去除夹杂在蔬菜中的杂质，主要包括尘土、污秽、微生物和一部分药物残留等。去除蔬菜中杂质的方法主要有筛选法、风选法、比重法和磁选法等，去除蔬菜表面污秽、微生物和药物残留主要有水洗法，或者加入清洁杀菌用的洗涤剂。分级是指将蔬菜按照品质、色泽、大小、成熟度、清洁度和损伤程度等指标进行筛选，使产品规格化的过程。目前，蔬菜分级方法包括人工分级和机械分级两种。切分是指将蔬菜在净菜加工中的切片、切丝、切块等过程。切分的主要方式为人工简单切分和机械自动切分两种，是为满足方便快捷，可直接进锅烹饪的需求。

蔬菜的初加工有助于保持和提升蔬菜的品质，减少蔬菜在贮运过程中的损失，是蔬菜生产的重要环节，但其过程中也会对蔬菜的质量安全带来风险隐患，尤其是在蔬菜清洁、切分与分级过程可能存在以下风险隐患：

（1）清洁与切分过程中的风险隐患。清洁和切分过程中风险隐患主要来源于清洁的不彻底以及清洁和切分处理过程中带来新的污染。蔬菜表面存在一些污秽、微生物和一部分药物残留清洗不够，会造成蔬菜中微生物及药物残留超标，同时也会加速农产品的腐败变质。

（2）分级过程中的风险隐患。分级环节可能会出现不同级别的蔬菜产品未能有效分离，尤其是病虫害和机械损伤的产品混在完好的产品中会造成微生物、病虫害传播，不仅会加大贮藏过程中蔬菜的损失，而且会对蔬菜的品质产生影响，甚至引起微生物等安全指标超标的风险。

针对蔬菜初加工过程中存在的风险隐患，重点针对清洁、切分和分级等关键环节进行风险管控。

（1）清洁与切分环节的风险管控。清洁与切分环节重点在于卫生的控制，例如清洁环节的用水、洗涤剂的用量，保证切分机械以及操作人员消毒，同时也要保证生产车间的环境卫生。

（2）分级环节的风险管控。分级环节重点在于将不同品质的蔬菜进行有效分离，保证分级的有效性和均一性，防止劣质蔬菜产品对优质产品的污染，同时对于品质均一的蔬菜更有针对性地进行后期的贮藏运输。

4.3 蔬菜包装环节风险分析与管控措施

蔬菜的包装是指对即将进入或已经进入流通领域的蔬菜及其制品采用一定的容器或材料加以保护和装饰的过程。蔬菜包装方式主要有装箱、装袋、包裹和捆扎等，包装材料主要是塑料、纸板等。包装的主要作用是保护农产品，同时还起到便于蔬菜销售以及增加品牌标识的作用。蔬菜包装环节的风险主要来自以下两个方面。

（1）包装材料中有毒有害物质的迁移。蔬菜的包装材料主要有包装基材、胶黏剂和油墨三部分。包装材料存在的有害物质，如重金属、染色剂、塑化剂、溶剂残留等，可能由于包装材料与农产品的接触，而从包装材料中迁移到农产品中，从而带来安全隐患。

（2）包装的特殊保护作用没能发挥作用。包装具有保持蔬菜品质、防止机械损伤的作用。如果包装设计不合理，则会影响蔬菜的营养品质，造成腐败变质。如果包装的保护作用不够，蔬菜的机械损伤也会带来质量安全风险。

针对包装环节存在的风险隐患，主要从以下两个方面进行控制。

（1）包装中有害物质迁移的风险防控。目前主要通过对包装基材、胶黏剂安全进行控制，以减少有害物迁移造成的风险隐患。包装材料应符合国家强制性技术规范要求，自身应安全无毒和无挥发性物质产生。包装材料使用的胶黏剂在生产过程中不得添加苯、甲苯、二甲苯、乙苯、卤代烃等有毒有机溶剂，此外也要尽量减少胶黏剂直接与农产品接触使用。

（2）在实现包装保护作用方面的风险防控。包装在保持蔬菜营养品质方面，通过选择合适的包装方式，如气调包装等方式，更好的保持蔬菜的营养品质，减缓蔬菜的腐败变质过程；在实现保护作用方面，通过加强外包装机械强度，在外包装内部，增加泡沫纸、网兜等包装材料减少缓冲带来的冲击，通过加强包装材料的阻隔性或者气调包装阻隔和控制蔬菜产品的微生物。

4.4 蔬菜贮藏环节风险分析与管控措施

贮藏是通过控制环境条件，对蔬菜采后的生命活动进行调节，一方面使其保持生命活力以抵抗微生物的侵染和繁殖，提高其抗病性，达到防止腐败变质的目的；另一方面使其自身品质的劣变也得以延迟，达到保鲜的目的。主要包括物理贮藏保鲜技术和化学贮藏保鲜技术两种。物理贮藏技术主要包括常温贮藏、低温贮藏、气调贮藏、减压贮藏、辐射贮藏、臭氧贮藏等其他贮藏方式；化学贮藏技术主要指添加防腐剂、保鲜剂和添加剂（简称“三剂”）来实现贮藏的目的。蔬菜在贮藏环节由于自身代谢和环境的影响，主要存在以下3方面风险隐患：

（1）蔬菜品质下降及腐败。蔬菜在贮藏过程中会由于外界环境不适或者贮藏时间过长而造成自身的品质下降甚至腐烂变质，从而影响蔬菜营养品质和质量安全。蔬菜自身也会由于呼吸作用、蒸腾作用、成熟衰老生理、休眠生理等代谢而引起品质劣变。

（2）微生物及毒素超标。蔬菜在贮藏过程自身存在的微生物或者贮藏环境中的微生物带来的风险隐患，例如微生物的侵染不仅会引起蔬菜产品中微生物超标，同时也会随着微生物的生长代谢，造成微生物毒素超标。

（3）投入品违规使用。个别生产者为延长蔬菜贮藏时间，违规使用不属于防腐保鲜添加剂范围内的物质，或者超量超范围的使用防腐保鲜添加剂，造成某些有害物质超标，对蔬菜的质量安全带来风险隐患。

针对贮藏环节存在的风险隐患，主要从以下3个方面进行控制。

（1）控制好贮藏条件。控制好影响蔬菜品质的关键条件，如温度、湿度、气体成分等条件。在温度控制方面，通过冷库来控制，贮藏温度根据农产品特性来决定，一般冷库内的温度应控制在2~4℃，对于易受冷害的蔬菜可放在5~7℃冷库中。在湿度控制方面，湿度控制范围为一般在90%~95%，避免蔬菜中的水分过多的散失。在气体成分控制方面，通过气调贮藏的方式来抑制蔬菜本身引起劣变的生理生化过程或抑制蔬菜中微生物活动，降低氧含量、提高二氧化碳含量，具体根据产品类型、成熟度、贮藏时间来确定。

（2）控制好贮藏环境卫生。保持贮藏环境清洁卫生，防止微生物污染和滋生，主要通过贮藏前要进行彻底的清洗消毒，贮藏期间要保持清洁，并定期进行消毒。同时应该注意消毒剂的使用要符合规定，适量使用，避免由于消毒剂的错误使用造成蔬菜产品中有害物质超标。

（3）合理使用“三剂”。贮藏过程中要严格遵守国家相关法律法规及标准的规定，合理使用防腐剂、保鲜剂和添加剂，不同蔬菜品种可使用的“三剂”种类、使用范围、用法用量都有明确规定。要严格在标准规定的产品范围和浓度范围内使用，不得超范围、超量使用，更不得使用未经登记的非法添加物质。

4.5 蔬菜运输环节风险分析与管控措施

运输是为满足人们消费需要将蔬菜产品从田间运往餐桌，从产地运往市场的过程，主要的运输方式有公路运输、铁路运输以及航空运输，目前主要以前两种方式为主。根据运输过程中温度不同，可将农产品运输分为常温运输和冷链运输，冷藏运输对于保持蔬菜品质很有好处，有利于减少蔬菜运输损耗，但由于成本较高，目前在蔬菜运输环节使用较少。

运输过程中的主要风险隐患来源于运输振动引起的机械损伤。由于运输过程碰撞，会造成蔬菜产生机械损伤，机械损伤会加速蔬菜营养品质的下降，会刺激呼吸作用加强，加快蔬菜后熟衰老和水分蒸散，降低耐贮性。同时，机械损伤会给病原微生物侵染创造条件，降低抗病性，甚至引起腐烂，带来质量安全隐患。

减少运输过程中蔬菜的机械损伤。主要通过两个方面，一方面是缩短运输时间，我国实行鲜活农产品运输绿色通道政策，对整车合法运输鲜活农产品车辆给予“不扣车、不卸载、不罚款”和减免通行费的优惠政策。另一方面是采取合适的包装来减少运输过程中的机械损伤，结合运输环境，确定蔬菜的振动方式和频率，设计使用合适的缓冲包装，来减少运输过程中碰撞造成的机械损伤。

参考文献

刘世琦，许莉，于文艳，等．2009. 出口大蒜安全生产技术［M］. 山东：山东科学技术出版社．

王富华，杜应琼，邓义才，等．2008. 蔬菜生产安全控制技术［M］. 广东：广东科技出版社．

虞轶俊，施德．2008. 农药应用大全［M］. 北京：中国农业出版社．

中华人民共和国国家卫生和计划生育委员会，中华人民共和国农业部，国家食品药品监督管理总局．2014. GB 2760—2014 食品安全国家标准　食品添加剂使用标准［S］. 北京：中国标准出版社．

中华人民共和国国家卫生和计划生育委员会，中华人民共和国农业部，国家食品药品监督管理总局．2016. GB 2763—2016 食品安全国家标准　食品中农药最大残留限量［S］. 北京：中国标准出版社．

中华人民共和国国务院．2017. 中华人民共和国国务院令 第677号《农药管理条例》［EB/OL］. www.gov.cn/gongbao/content/2017/content_5186916.htm.

中华人民共和国农业部．2007. NY/T 1276—2007 农药安全使用规范　总则［S］. 北京：中国农业出版社．

中华人民共和国农业部．2014-01-06. 全国蔬菜产业发展规划（2011—2020年）［EB/OL］. http：//www.moa.gov.cn/zwllm/ghjh/201202/t20120222_2487077.htm.

中华人民共和国农业部．2016. 中国农业年鉴：2015［M］. 北京：中国农业出版社.